手 绘 新 视 界

# 工业产品设计
# 手绘表达

第二版

赵颖 著

中国电力出版社

CHINA ELECTRIC POWER PRESS

## 内容提要

本书针对工业产品设计初学者，尤其为无绘画基础的学习者编写而成。书中由"零"开始，从最基础的"画线"入手，之后到"单线画产品"，再到"产品上色"；从产品的外观到爆炸图、故事版的绘制，再到完整效果图表现及创意训练、优秀学生效果图及商业效果图等，讲解细致，层层深入。第二版修订中更新了大量手绘效果图案例，有大师原创优秀效果图、企业一线设计师效果图和优秀学生效果图等，供学习者赏析与临摹。本书适合高等院校工业产品设计专业学生，以及手绘爱好者参考与借鉴。

本书由 2019 年度北京市教育委员会科研计划一般项目（项目号：KM2019100152002）《基于 B2C 型共享汽车车内空间设计的用户行为限定性研究》资助

**图书在版编目（CIP）数据**

手绘新视界：工业产品设计手绘表达 / 赵颖著. —2 版. —北京：中国电力出版社，2021.12
ISBN 978-7-5198-6042-4

Ⅰ.①手… Ⅱ.①赵… Ⅲ.①工业产品－产品设计－绘画技法 Ⅳ.① TB472

中国版本图书馆 CIP 数据核字 (2021) 第 195308 号

出版发行：中国电力出版社
地　　址：北京市东城区北京站西街 19 号（邮政编码 100005）
网　　址：http://www.cepp.sgcc.com.cn
责任编辑：王　倩（010-63412607）
责任校对：王小鹏
装帧设计：锋尚设计
责任印制：杨晓东

印　　刷：北京博海升彩色印刷有限公司
版　　次：2016 年 6 月第一版　2021 年 12 月第二版
印　　次：2021 年 12 月第四次印刷
开　　本：889 毫米 ×1194 毫米　16 开本
印　　张：9
字　　数：280 千字
定　　价：56.00 元

# 序

古罗马的一位哲学家说过："人们并不是被事物所扰乱，而是被他们对事物的看法所扰乱。"同一事物，由于观察者的立场、角度、层次等不同，或着眼的动机、过程、结果、观念、方法、技术、工具、影响等不同，其结论完全不同。

设计手绘是一种思维方法，它不仅作用于创意的发生、演进、探索的思考，也是从创意到产品落地的播种、耕耘；还作用于形态、比例、尺度的修正，以及结构、节点、细部、表面工艺方案的推敲；更是设计师在设计过程中思维的显现。

创意是一粒种子，它的生长需要阳光、土壤、水和肥料。肥沃的黑土地，仿佛一手能抓出油，在金色的黑土地上，播下种子收获更多的期望。不同的种子所需的土地也略微不同，南橘北枳讲的就是这个道理。在创意设计中，肥沃的土壤好比良好的制造能力和生产条件。寻找适合自己创意的土壤是成功的关键所在。种子在不同的土壤中可以吸收不同的养分，手绘恰恰是一种最为直接的思维演进的土壤。

设计就是生活，它具有综合性，需要各种知识。设计不是一个纵向的专业，而是一个横向学科，它的学习方法不是知识的积累性，而是思考性和方法性的，是一种整合知识的方法，是怎么样去观察生活，从生活当中去理解事物。设计的关键是了解与认识生活，发现生活当中的问题，它是典型的人文学科，它需要技术知识、营销知识、管理知识、造型知识来解决人们生活当中的问题。设计不是视觉和感觉的问题，它是体验和感悟，在生活中每时每刻都需要"设计"帮助你解决生活当中发生的问题。设计就是老老实实地观察生活、认识生活，从生活当中去挖掘问题，发现潜在的创意。而手绘能够在描绘创意的过程中不断地激发、丰富、验证设计师的想象力，从而扩展设计师的创意。

《手绘新视界——工业产品设计手绘表达》一书的作者赵颖老师围绕"基础知识、基本技法、肌理及材质、结构分解、故事性表达、创意训练和优秀效果图赏析"展开，循序渐进地把手绘这门技巧性基础提升到了设计思维的层面。这本教材值得在设计教育界推荐给"零基础"设计专业学生们去认真研习，为此，我也对赵颖老师的教学成果感到十分欣慰和骄傲！

柳冠中

2016年1月11日

# 前言

不知不觉距离本书第一版的出版时间已经过去了6年，感谢读者们对于本书和作者的信任。6年来，绘图的技术手段和设计思维都有很大变化，但对于设计创作的表达需求却从没有变过，甚至愈发强烈。

第二版修订中保留了第一版的主体精华部分，整体结构不变。从第一部分产品手绘表达的基础理论知识到第二部分产品线框图的绘制；由第三部分产品的上色技法到第四部分外观材质和表面纹理的表现；自第五部分由外至内进入产品内部结构的表现到第六部分产品的故事表达；从第七部分对于产品完整效果图的表现及设计创意的讲解，到最后一部分大师原创优秀效果图、企业一线设计师效果图和优秀学生效果图更新作品的展现，层层深入。

笔者在过去6年中持续在一线教学的同时，也在不断思考和总结。本书的第二版在内容上做了较大修订，具体如下。

## 1. 设计大咖授权草图作品，一线专业设计师分享手稿作品

除保留第一版中已有的一线企业设计师经典草图外，本书得到了青蛙设计公司创始人——艾斯林格（Hartmut Esslinger）先生的认可。艾斯林格被称为是奠定了美国苹果公司设计基因的重要设计师，本书第二版得到了他本人授权的"电助力自行车"草图手稿。此外，书中还收集到了来自联想、惠普、木马、上汽等国内外多家知名企业、设计公司专业设计师的手绘原图，并在书中分享了他们真实的创作过程和心得。

## 2. 有应考的训练方法，更有真实而鲜活的表达

目前，产品手绘表达是很多高校相关专业考研的必考科目。本书作者通过十余年一线教学经验，总结出了一系列容易记忆的原创方法，包括设计手绘的"二十四字学习法""四项学习目标""从临摹到创作法"、线稿绘画"七步走"、马克笔技法"五句话"等，这些方法均可作为短时间内提升、辅助备考的重要参考。

此外，笔者认为设计表达最重要的目的是沟通。将自己的想法更快更好地表达出来是设计师一直追寻的，因此在第二版书中笔者更加注重对于当下学生鲜活而真实内容表达的展现。书中不仅仅讲授如何绘制流畅的线条和利落的色块，更是展现出当代年轻设计师的一些原创设计方案，表达其所见、所思和所想。

### 3. 重视传统纸面手绘图，但也引入了"Pad绘"

近年来，越来越多的一线年轻设计师使用电脑绘图，常用的绘图工具从手写板（板绘）、手绘屏（屏绘），再到平板电脑（Pad绘），绚丽缤纷的电脑手绘图在汇报方案时比比皆是。第二版中加入了更多纸面手绘图与电脑手绘图结合的作品、完全的电脑手绘图，以及新案例、新练习步骤和新练习建议等，更加适合年轻读者和当前设计行业的需求。

### 4. 针对"手绘小白"编写，对有艺术专业背景的学生也有提高作用

近年来，笔者接触到很多学习手绘的同学，从手绘基础较弱的工科学生，到有艺术专业背景的设计专业学生。相对而言，大部分工科背景的同学逻辑思维能力较强，而手绘基础稍弱。这部分学习者学习难点在于需要一定的时间才能有效提升手绘水平，而本书提供了笔者通过十余年教学经验总结出的很多原创练习方法，十分适合于"手绘小白"。而有艺术背景的学生手绘能力较强，在训练过程中，他们的学习难点在于需要更加注重从传统艺术性的手绘表达转为工业化风格的绘制状态。第二版修订中增加了更多可供这些同学学习的工业产品手绘训练重点讲解内容，同时也增加了一些难度较大的电脑手绘图，可供学习者参考。

最后再次感谢支持本书的读者们，以及让文稿得以成书和出版的中国电力出版社王倩编辑、广东工业大学方海教授，还有在写作过程中提供无私帮助的师长、同学、朋友和学生们，包括但不限于以下名单：清华大学柳冠中、石振宇教授，设计师陈虹、单峰、董可、黄将、董术杰、黄超、汤震启、梁峻、邹志丹、张小康，北京印刷学院李笑缘老师、北京工商大学何思倩老师，清华大学美术学院学生李自翔、贾惠煊，北京印刷学院学生韩逸帆、程安妮、陈勤艺、李祥、李磊、刘佳乐、秦姝宇、张翘楚、郭颖珊、李旭阳、尹雪、王安棋、周雅灵、马李澪杰、刘月、史青、徐熙来、唐尔同、刚毅、马辛未，还有刘鑫源、蒲彦豆、安然、陈宁等。

赵颖

2021年11月

# SKETCH SKILL OF INDUSTRIAL PRODUCT DESIGN

## 工业产品设计手绘表达

手绘练习方法示意图

### 进入状态训练

- 线条练习

　　线条是构成产品的基本元素，练习线条是绘制效果图的重要基本功之一。笔者总结出了练习线条的七个基本步骤，简称为"线稿绘画七步走"。

　　对于初学者来说，用线时经常出现一些问题，笔者总结为"用线四不要"，在绘制时需要注意避免。

### 基础分项训练（与临摹训练结合）

- 上色练习
- 产品内部结构练习
- 产品故事性表达练习
- 材质、纹理练习

　　基础分项训练课将临摹与创作相结合。上色练习包括目前常见的马克笔、彩色铅笔、色粉以及混合技法的训练。

　　通过对产品的拆解，了解产品内部结构后，进行设计和绘制。

　　产品的故事性表达从前期研究、评估、展示三个阶段进行练习。

　　在材质和纹理练习中，本书精选了最为常见的金属、玻璃、塑料、木材和皮质讲解。

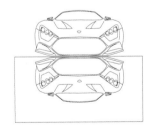

### 临摹训练

- 优秀手绘效果图临摹
- 优秀渲染效果图临摹
- 优秀产品照片临摹

　　临摹训练可以先从分项训练开始，之后再进行完整效果图的临摹。

　　开始可选择优秀手绘效果图临摹。学习的内容包括产品边框及内部的线条、角度的选择、色彩的选择、笔触等。

　　之后可临摹优秀电脑绘制效果图，主要学习内容包括色彩的渐变、高光、背景、纹理等部分的处理。

　　在对效果图临摹熟练后可再临摹优秀产品照片。主要学习内容包括在多个光源下对产品的处理，最大限度地描绘产品细节等。

　　在临摹训练后可先选择一类较为熟悉或常见的产品，最好是用之前曾经临摹过的产品，进行改良设计创意练习。

　　之后，可自定相对抽象的设计主题，基于主题进行设计创意。

　　手绘技能相对熟练后，可进行命题设计训练，为品牌或实际项目设计。

### 完整创意训练

- 改良性创意练习
- 发散性创意练习
- 命题性创意练习

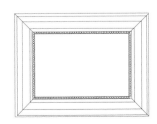

# 问与答

上课之余，经常有同学会提出一些关于手绘的疑问，以下是一些常见问题，整理出答案回复给有类似问题的读者朋友。

**1 我从小就不太喜欢画画，学习工业设计是必须画画很棒吗？**

并非不喜欢画画就一定学不好产品设计手绘。绘画基础好的同学学习工业设计开始时会有优势，而基础差一些的同学运用得当的方法和大量的练习也是可以在一定时期内提升手绘水平的，因此方法和勤奋都非常重要，可以按照本书的方法和每部分最后的习题一步步练习。

**2 现在都用3D软件建模渲染了，手绘图还重要吗？**

当然重要，与3D建模相比，手绘更快、更生动，更直接可以体现一名设计师最精华的思想。

**3 很多企业设计师都用手绘屏或者平板电脑画草图了，这与传统纸上手绘有什么区别？**

随着技术的快速发展，设计师的电子草图工具从手写板到手绘屏，再到平板电脑，使用的软件也越来越多样化。在笔者看来，电脑手绘图和纸面手绘图各有适合的用户和场景。相比而言，电脑手绘图效果更炫，绘制更简易，不用准备过多工具，且方便涂改。而传统纸面草图相对来说对于设计师的手绘技能要求更高，更显工夫，且基础工具相对经济实惠。学习者可以根据具体情况选择使用。

**4 我努力去画了，但是总也画不好，怎么办？**

不要气馁，再给自己一些时间练习，可以每个阶段给自己设定一个目标，每次跟自己比较，不要急于求成，建议可以按照本书的方法从最基础的线条练习开始。

**5 我有很好的想法，但就是画不出来怎么办？**

建议可以寻找一些与自己想法类似的效果图临摹，再在此基础上调整，先进行现有产品的改良设计，熟练后再进行发散性设计、命题性设计（具体方法详见本书第七部分），循序渐进，逐渐培养起自信心就会越画越好。

**6 很多高校工业设计专业都考手绘图，应该怎么训练呢？**

如果本科是工业设计专业，一般都会设有相关手绘课程。课上的认真学习是很有效果的，关键是后期要一直持续练习，做到手不辍笔，哪怕每天仅画一张，坚持3~4年，效果也会很显著。此外，考前1~3个月的加强训练更有效果，可以具体参考第二~七部分内容；若本科非工业设计专业或之前没有坚持手绘，而距离考试时间又十分有限，建议按照本书教程从头至尾勤奋练习，在一定时间内大量画图，你会得到意想不到的收获。

# 目录

# 1

## 设计表达和产品效果图
## 基础知识

### 1.1　设计表达与手绘

从广义上来说，设计表达包括产品外观、语言、行为、图画、表格、多媒体视频、模型等诸多形式。从狭义上来讲，设计表达可描述为设计师在设计活动中将头脑里产生的思维概念或形象通过某种方式或媒介"再现"出来。

在所有的设计表达方式中，手绘图是最为直观和形象的。如果说"创新"是工业设计的灵魂，那么手绘图则是设计灵魂的最初表象，是设计师将头脑中的创意表达出来的最直接的方式，也有人说手绘是设计思想中最闪光的精华。手绘是相对于计算机绘图而言，设计师使用笔在纸上进行绘制的一种表达方式。图1-1为设计师绘制产品草图的场景。针对产品来说，绘制内容包括产品造型、功能、人机工程、细节、界面、纹理、使用环境、使用人群等具体方面。

### 1.2　设计手绘的作用和设计手绘在设计流程中的角色

#### 1）设计手绘的作用

工业设计活动中最重要的智力因素是设计师的创造性思维能力，其中尤以逻辑思辨能力、想象力、鉴赏力和表达能力最为重要，而设计手绘正是训练表达能力的一个关键途径，具有重要作用，具体如下。

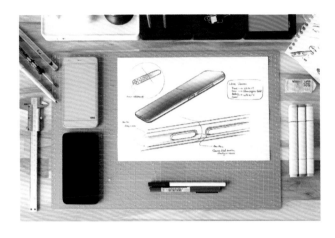

图1-1 产品设计师的工作场景 汤震启绘制

传达思想，沟通交流

设计表达之于工业设计如同"语言"之于文学，可使他人感知设计师的思维，并与小组成员、工程师、消费者、企业决策者等进行交流。

图1-2展现了设计师如何工作，可以看到他们从古至今的工作方式及发展过程。

促进设计思维的整理和控制

设计的目的性要求设计必须符合市场、经济条件、消费群体等需要，涉及较复杂的关系和系统。这需要设计师将头脑中宏观、抽象、模糊的想法通过设计表达整理并记录

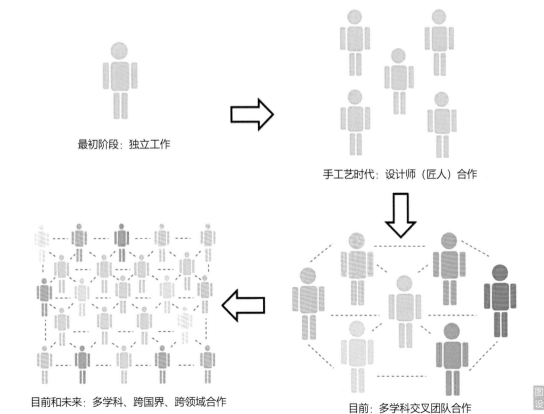

最初阶段：独立工作

手工艺时代：设计师（匠人）合作

目前和未来：多学科、跨国界、跨领域合作

目前：多学科交叉团队合作

图1-2 设计师如何工作

下来，捕捉创新的灵感，把握设计的发展方向，深入解析技术细节，使思维处于宏观控制之下。

<u>实现设计方案必备的技术手段</u>

设计表达是使设计师的创造性工作同生产技术条件下的产品加工实施相互连接的桥梁，设计人员应明确产品形态、尺寸、结构关系、工艺、材质等元素，并将其纳入生产加工条件下，使新方案可以实施。

### 2）设计手绘在设计流程中的角色

一般情况下，设计通常从前期调研开始，通过对市场、产品、用户、环境等多方面的调研，明确设计的目标群体及其特征，综合客户、市场需求，从而进行设计定位。根据已有定位通过相关方的讨论、沟通后运用草图、建模等多种方式进行设计创新；在诸多方案中根据一定标准挑选出最为合理的方案进行细化，再经过必要调整后开始精细建模和渲染；较为完善的方案即可向上级、其他部门或客户等进行方案讨论汇报，收集各方意见进行方案调整后进行手工、CNC或3D打印产品手板，从概念设计到现实模型；在若干手板中选择较为合理的方案调整后进行产品样机制作；在样机上进行各类使用测试，以发现问题并做出相应调整；再根据需要反复以上过程，并最终投入生产。

具体流程见图1-3，在蓝色长方形框部分，从设计定位到产品测试诸多步骤中常常都需要设计表达发挥作用；而在红色框部分，正是需要设计手绘进行设计创新或解释说明的重点部分，会根据不同产品有所增减或重复。

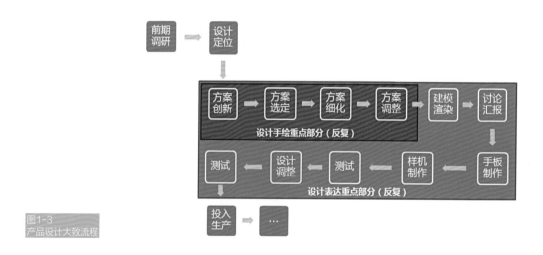

图1-3
产品设计大致流程

## 1.3　具体方法和关键点

在了解设计手绘的重要性后，应如何去学习手绘，有什么具体方法和关键点呢？经过多年的一线教学，笔者将具体的产品手绘方法总结为"二十四字学习法"，便于读者记忆。这一学习法为：平心静气、大量练习、手脑并用、"模仿"先行、"不择手段"、由外至内。

## 1）具体方法

平心静气（图1-4）

图1-4　平心静气

　　手绘训练的最初，对于很多初学者来说也许并不算有趣，甚至会感到有些枯燥，但是笔者想说的是，不要把一开始的基础线条练习当成负担，而是可以作为一种对于"心性"的训练，让自己进入一种专注的状态。通过这些看似简单的训练可以排遣浮躁的情绪，摒弃杂念，暂时脱离信息时代各类电子设备的干扰，平心静气地将注意力全部集中在笔与纸的对话中。

　　大量练习

　　急于求成不可取，"量变产生质变"可以说是手绘训练中颠扑不破的真理。这里的"量"有两层含义，一是持续时间长，二是总量大。每天坚持画一定数量的效果图，每一张画到自己当下阶段的最高水平，坚持一段时间后一定会有所提升；而对面临工业设计专业考研或求职等压力的新手或美术基础较弱的学习者来说，想在一定时期内快速提升手绘能力则需大量的高强度练习加上合理的方法。需要注意的是，长时间的持续练习可以让手绘能力长期保持，而若仅仅靠短期的高强度训练且持续性也欠佳，停笔一段时间后，手绘能力也会快速下降，所以最好能够长期坚持。

　　手脑并用

　　有人认为绘画仅仅是右脑的活动，随意想象、随意绘制即可。而手绘效果图，尤其是创意手绘则需要首先将头脑中形成的模糊意向物化，再通过大脑控制手的动作，准确快速地将物化产品用笔画出来的同时还要使形体、色彩美观。以上这些对于没有美术基础或美术基础较弱的练习者来说也许并非易事，但经过大量练习后还是很有可能实现的。

　　模仿先行

　　模仿，或者说临摹，是初学者学习手绘快速而有效的方法之一。需要说明的是，模仿的目的绝不是抄袭，而是学习优秀效果图的绘制方法和技巧，体会优秀产品的造型特点及色彩设计，了解不同环境下光影对于产品的影响，从而能够对自己后期的手绘创作有所帮助。

在经过基础线条练习之后就可以考虑开始临摹，临摹也有步骤，由此，笔者提出了"从临摹到创作法"。建议初学者先临摹优秀手绘产品效果图，接着临摹电脑绘制的优秀产品效果图，再到临摹优秀产品照片，临摹较为熟练后可以进行设计创新（图1-5和图1-6）。

图1-5　产品照片原图　　　　　　　　　　　　　　　图1-6　临摹图　李祥绘制

最先临摹的优秀手绘产品效果图资料可以在网络上寻找，也可寻找各类优秀效果图书籍进行临摹，本书最后一部分的优秀手绘效果图也可供临摹。手绘效果图相对来说更容易模仿，初学者一开始可选择简单产品，循序渐进临摹复杂产品。学习的内容包括边框及内部的线条、角度的选择、色彩的选择、笔触等。

此阶段后可以尝试临摹优秀的电脑绘制产品效果图。目前的电脑效果图一般是三维软件建模渲染或是用压感笔绘制而成，利用软件的功能，可以绘制出比较炫丽的画面效果，因此运用手绘方法临摹时比较有难度，但是可以最大限度地逼近其最终效果。此阶段的临摹主要学习内容包括色彩的渐变、高光、背景、纹理等部分的处理手法，加强学习有视觉冲击力的表达效果。

在对效果图临摹熟练后可再临摹优秀产品照片，可选择较为经典的产品照片临摹。产品照片是真实产品的再现，光源相对复杂、细节清晰。临摹时主要学习内容包括在多个光源下产品的处理手法，最大程度地描绘产品细节。

在临摹较为熟练后即可进行真正的设计创新方案绘制，以充分表现自己的设计想法。创作时可以从改良性设计创意到发散性设计创意，再到命题性设计创意三个步骤进行，具体见本书第七部分。

具体过程如图1-7所示。

"不择手段"

"不择手段"在这里并非贬义词，可以理解为"选择一切手段"，尽可能地使用最合适的方法去表现创意。设计手绘的最终目的是准确快速地表现创意，而并非仅仅是画一张漂亮的图。尽量不要受制于工具、纸张等限制，而应适时地选择最合适的方法。本书

| 练习内容 | 临摹 | | | 创作（详见本书第七部分） | | |
|---|---|---|---|---|---|---|
| | 优秀手绘效果图 | 优秀电脑效果图 | 优秀产品照片 | 改良性创作 | 发散性创作 | 命题性创作 |
| 学习重点 | 线条、色彩、笔触等 | 产品效果营造、环境营造、细节处理、表面质感等 | 真实产品的各个细节 | 针对现有产品改进设计 | 根据抽象题目进行具象设计 | 给指定品牌、项目等进行实际设计 |

后面会介绍不同的手绘方法，学习可练习后根据需要选择不同方法。

由外至内

在手绘训练中，不应仅仅以产品外观为训练主题，而需要尽量丰富绘制内容，提升兴趣，同时也可以增强对于产品的理解。可从外到内地理解和绘制产品，例如先开始画造型、色彩等，再拆开类似或相关产品，在理解其内部结构的基础上进行爆炸图绘制练习，之后对于产品的使用环境、功能特点、目标群体充分考虑，进行故事版创作。这样可以更加全面、细致地对于产品进行设计和思考。

## 2）学习目标

明确学习目标更有助于提升学习效率，笔者提炼总结后提出了"四项学习目标"——有效沟通、快速准确、一专多能和内容为王。

有效沟通

表达的最终目标大多是为了沟通，产品设计手绘表达更是如此。笔者认为手绘者的设计想法是否能够让观者直观理解，从而达到有效的沟通，是判断草图好坏的终极标准，更是手绘者的最重要目标之一。因此，笔者建议无论运用何种手段、技法，能够起到良好的沟通效果是首要的学习目标。

快速准确

再次提醒读者们注意，设计表现手段千千万万，无论文字、手绘、电脑建模、机械制图或模型都只是手段，应以准确、快速为准则。

一专多能

建议经过多种表现技法的学习尝试，最后集中在一两种最适合自己的表现方法上，熟练应用这一两种方法，同时也可以根据具体情况选择并应用其他工具和方法。

内容为王

产品效果图的最终表现效果固然重要，但画面首先要有合理感人的内容，而非刻意玩弄技巧达到某些视觉效果。随着计算机建模渲染技术的快速发展，电脑效果图已经可以做到十分逼真甚至比实物更加炫丽的效果。笔者认为手绘效果图训练的重点除了绘制技巧外，还需要对快速表达产品的形态、结构特征、构图方法等加以重视。

## 1.4　设计手绘图的分类

按照精细程度分类，设计手绘可分为构思草图、推敲草图、方案表现效果图及加工效果图。

构思草图是设计的最初阶段。设计师针对问题，寻找解决问题的可能性，一般不会将注意力过多地放在效果表现上，而更加注重记录当时的所思所想，因此构思草图大多比较潦草、随性，而这一阶段的草图却常是定格了设计师智慧的闪光时刻（图1-8）。

图1-8　构思草图　单峰绘制

推敲草图通常是在确定基础方案之后，对某些细节进行深入推敲的阶段。例如对于整体形态或者某一部分的细节，设计者为了达到更加完美的造型或使用方式更优化等目的，需要进行大量的反复推敲，图1-9中展示了对于产品整体形态的推敲过程。

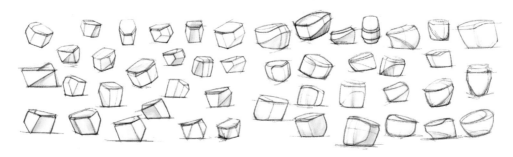

图1-9　推敲草图　单峰绘制

方案完整效果图是指基本确定了可行性较高的方案后，进一步进行重点表现的效果图。完整效果图具备一定的设计细节，如产品色彩、形态特征、人机关系、内部构造等，表现的内容相对完整、清晰，有时具有一定的展示作用。这也是目前比较常见的一种展示效果图（图1-10和图1-11）。

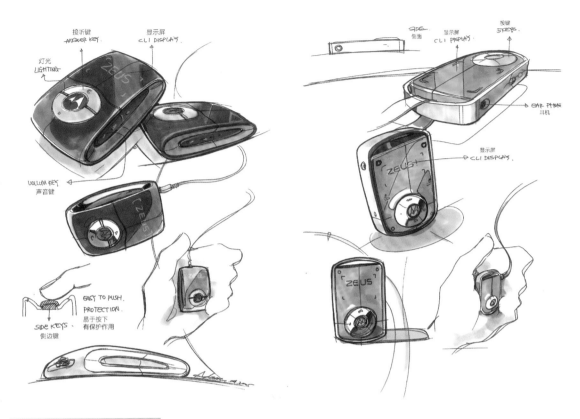

图1-10 方案完整效果图 黄超绘制

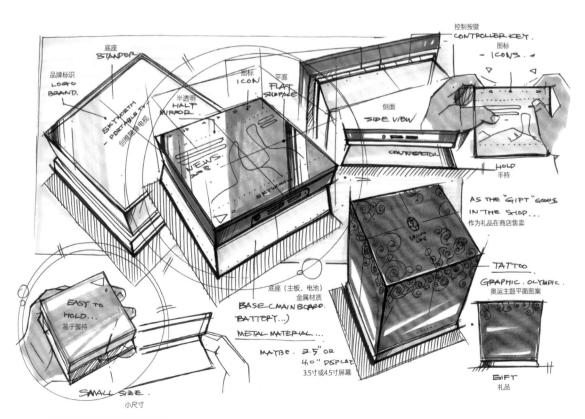

图1-11 方案完整效果图 董术杰绘制

与完整方案效果图相比，产品精细效果图需要更加详实、准确地展示和描绘产品的全貌，包括产品的形状、色彩、材质、表面处理、工艺、结构关系等细节。精细效果图在绘制时，绘制者可以直接与产品结构部门进行沟通，并进行后期工程开发（图1-12），或是体现展示作用等（图1-13）。

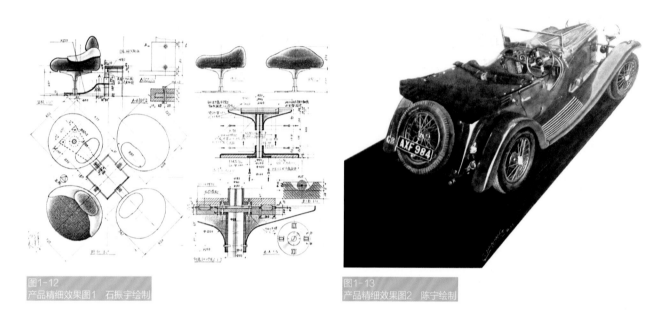

图1-12
产品精细效果图1　石振宇绘制

图1-13
产品精细效果图2　陈宁绘制

## 1.5　产品设计手绘图与其他相关绘画形式的异同

### 1）产品设计手绘图与结构素描

结构素描（图1-14）是很多院校工业设计专业大一学生的必修课程，且大多安排在手绘效果图课程之前，因此很多学生在刚开始学习手绘图时经常将其与设计素描混淆，其实二者有区分也有联系。

设计素描是一种基础平面和立体的表现训练，运用透视学、几何学的原理和有关知识，在透视原理的基础上，以线的表现形式，借助辅助线的分析和推理，将立体形态内在和外在的造型及结构关系表现出来。与大部分产品设计手绘图相比，其表达更为严谨、精细、有规律，绘制时间比绘制一般的快速手绘表现图时要更长。

"线"是产品手绘图与设计素描中的重要创作元素，而这两种绘画形式在处理上却十分不同。在进行设计素描创作时，"线"要反映形态的内外造型和结构关系，所以辅助线非常重要，经常需要来回描摹；而在产品手绘图中更重要的是表现产品本身的特点，"线"的表现以准确、清晰、流畅为宜，尽量不要来回描摹。

此外，在表现内容方面，设计素描是一种基础平面和立体表现训练，因此表现内容多是几何形体、产品造型；而产品手绘图则是为了说明一件产品的整体特征，除产品造型外还涉及功能、使用方式、人机关系、界面设计等具体细节。

在工具方面，结构素描多用铅笔，而设计手绘则使用针管笔、马克笔、彩铅、色粉等多种工具。

### 2）产品设计手绘图与速写

速写是一个重要的绘画艺术门类，也是很多绘画、设计专业高校艺术类高考时的必考科目。其与设计手绘有相同之处，但也有很大的不同。

手绘图和速写的相同点是两者的绘制速度都很快，并且同样有记录的功能。速写相对较为主观，可按照画家的意识自由组合画面，物象也可有较大夸张和变形，可表现物象，也可表达画家的内心感受，其艺术性相对较强（图1-15）；而设计手绘则需要较为客观地呈现产品的特征，不宜过度夸张，其功能性相对较强。

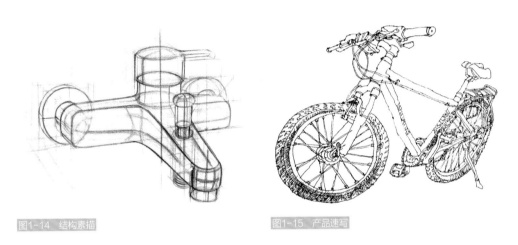

图1-14　结构素描　　　　图1-15　产品速写

### 1.6　绘制效果图的工具与材料

常见工具包括笔、纸和其他类。

笔的材料通常有：铅笔、针管笔、签字笔、马克笔、彩色铅笔、色粉笔等。

**铅笔：**常用的有自动铅笔和传统铅笔，根据个人使用习惯不同，铅笔通常用于前期起稿及后期阴影处理。传统铅笔因其粗细可控，深浅可选，塑造能力较强，在前期起稿及后期阴影处理时都十分常用（图1-16），起稿时常用2B~4B铅笔。自动铅笔因其笔触较细也常用来起稿，尤其在勾画细节时较为常用（图1-17）。后期阴影处理时也有很多

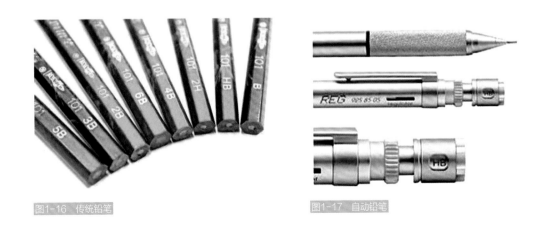

图1-16　传统铅笔　　　　图1-17　自动铅笔

设计师用较重的铅笔、炭铅笔、黑色彩铅等，可根据个人习惯的不同选用。

**针管笔**：针管笔是一种相对专业的绘图笔，绘画线条时墨水速干、不易抹蹭。目前市面常见的针管笔有硬头、软头两种：硬头针管笔有从粗到细多种笔头，型号可供选择，笔头横切面直径多大就可以绘制多宽的线条，且绘制时最好笔杆与纸面完全垂直，这样线条粗细会更准确（图1-18）。软头针管笔是近几年一些品牌根据用户需要新推出的产品，笔头较软，可根据用力大小手控线条粗细，因自由度较大，绘制效果也更丰富，但对于画者手的控制能力要求较高，除产品设计草图中使用外，也适合漫画、服装等草图或速写的绘制使用（图1-19）。

**签字笔**：签字笔是一种十分常见且经济实惠的绘图笔，可用来直接起稿，也可铅笔定稿后用来勾线（图1-20）。与针管笔相比，其墨水干得较慢，绘制时需注意避免蹭到未干墨水部分，否则影响画面整洁。

**马克笔**：马克笔是由mark pen（记号笔）音译而来的，因其快速、方便、清洁等特点成为目前手绘效果图中最常使用的工具之一。其色彩丰富，多在上色时使用，通常有粗细两头可选，按性质可分为水性和油性（酒精性）两种。水性马克笔可溶于水，笔触较清晰明显，覆盖力相对弱（图1-21）。油性马克笔无法溶于水，而是溶于酒精，渗透力很强，笔触之间的过渡相对柔和、润滑，覆盖力相对强，适合大面积铺色（图1-22）。

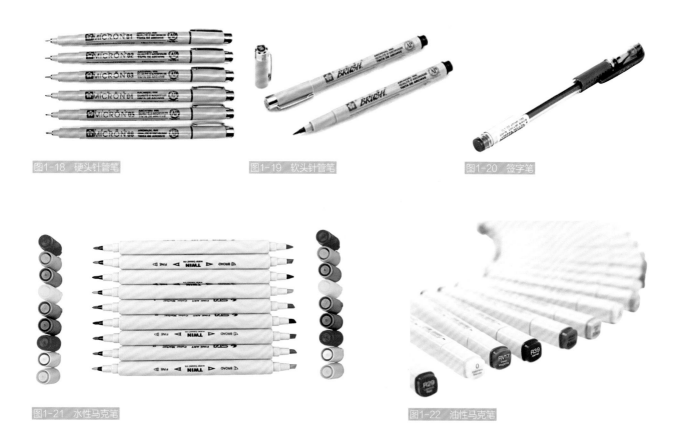

图1-18　硬头针管笔

图1-19　软头针管笔

图1-20　签字笔

图1-21　水性马克笔

图1-22　油性马克笔

　　马克笔的笔头也有硬头和软头之分。不同于其他水彩笔的圆硬头，马克笔的笔尖通常为斜切，十分适合绘制棱角分明的工业产品，也使绘制更加准确，如图1-23中的斜切头马克笔，左边为斜切头，右边为细硬头。

　　软头马克笔与软头针管笔功能类似，软头可画不同粗细的线，适合漫画、服装等草图或速写的绘制。图1-24中的软头马克笔，左边为软头，右边为斜切头。

　　**彩色铅笔**：彩色铅笔是目前效果图绘制中常用的一种工具。与马克笔相比，其色彩较淡，饱和度较低，笔触粗细可控，在绘制的多个阶段都可使用，如在起稿、上色、加深、过渡等阶段中，也经常与马克笔、色粉笔结合使用（图1-25）。目前市面上常见的有水溶性彩铅和非水溶性彩铅两种：水溶性彩铅不仅可以直接用来作画，也可用水进行晕染式绘画；非水溶彩铅是直接在纸上绘制。此外，还有一些品牌的彩铅笔芯有不同的特性，如粉质、油质、蜡质、珠光等，可根据需要选择使用。需要注意的是，有些彩色铅笔含蜡质较多，与马克笔共同使用时最好先用马克笔，待干后再用彩铅上色，否则会影响上色。

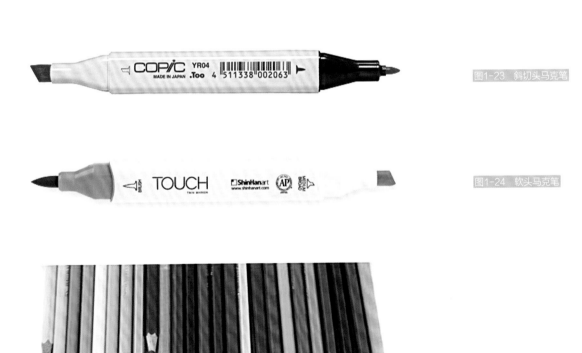

图1-23　斜切头马克笔

图1-24　软头马克笔

图1-25　彩色铅笔

**色粉笔**：色粉笔适合绘制大面积色彩时使用。专业色粉笔与常见的粉笔不同，其密度更大，色彩饱和度更高（图1-26）。使用色粉笔时大多需要用美工刀将色粉刮下，并用柔软纸张蘸取色粉，然后擦涂在纸上，属于间接着色，色彩相对较淡，过渡效果细腻柔和，经常与马克笔等工具搭配使用。

**纸**：最常用的纸是白色复印纸（图1-27），A3、A4大小都比较常见。初学效果图者建议使用A3尺寸，尽量把图画大，这样可以把细节画清楚，也更容易看出问题，并及时解决。此外，还有硫酸纸（图1-28）、不同颜色的卡纸（图1-29）等，可根据具体需要选择使用。

**辅助工具**：此外，还有其他搭配使用的工具，如高光笔、橡皮、直尺量角器、圆规、美工刀、定画液、拷贝台、画板、文件夹等。

图1-26 色粉笔

图1-27 复印纸

图1-28 硫酸纸

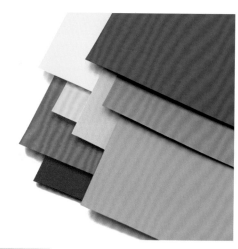

图1-29 卡纸

　　高光笔主要用来提"高光"。通常在绘制后期需要在亮部画出高光点，对最终的效果起到画龙点睛的作用。高光笔种类较多，早些时候很多设计师用白色修正液，目前有专门的高光笔（图1-30）；有时也搭配白色彩铅或白色水粉颜料使用（图1-31）。

　　常用的橡皮有两种：绘图橡皮和可塑橡皮。①绘图橡皮，适用于擦净铅笔痕迹；②可塑橡皮也常常用到，尤其用于对大面积铅笔调子的减弱，可随需要改变形态（图1-32）。

　　削铅笔器（图1-33）和美工刀（图1-34）也是常用的辅助工具。前者削出的铅笔较为光滑规整，后者则可根据自己需要削出笔形，色号值越大的铅笔和彩铅笔芯质地相对较软，需注意不要削断。另外，在使用色粉时也经常使用美工刀削下粉末。

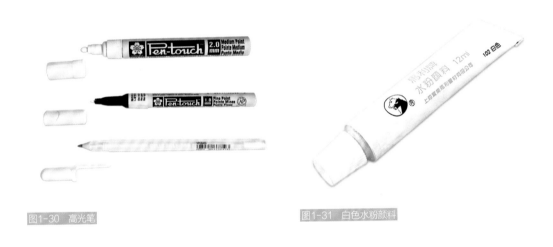

图1-30　高光笔　　　　　　　　　　　　　图1-31　白色水粉颜料

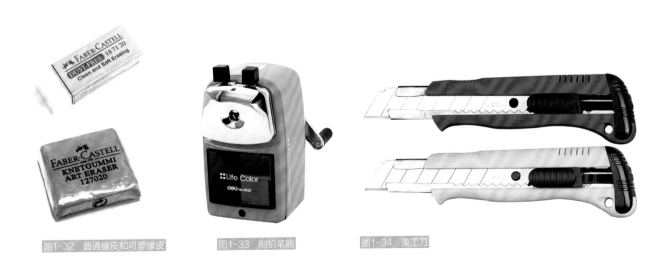

图1-32　普通橡皮和可塑橡皮　　　图1-33　削铅笔器　　　图1-34　美工刀

绘制完效果图后，可用定画液来固定铅笔、色粉等的着色，以避免擦污，让画作易于保存（图1-35）。拷贝台在绘制效果图时也会用到，大多是用来更准确地绘制形体，先画出一张，再在此基础上用另一张纸进行拷贝（图1-36）。

一般绘图可直接在平整桌面上，也可以在画板上。按个人习惯不同，画板可准备比较轻薄的，易于携带、拿握（图1-37）。效果图完成后应妥善保存，可放置在纸张相应尺寸的文件夹中（图1-38）。

**电脑绘制工具**：近年来，计算机辅助设计已经非常普遍。随着技术的不断发展，绘制电脑草图的方法也从最初的"鼠绘"（鼠标绘制）"板绘"（手写板绘制，图1-39）"屏绘"（手写屏绘制，图1-40），到现在使用非常普遍的"Pad绘"（平板电脑绘制，图1-41）等。绘图工具的体积越来越小，越来越薄，功能也越来越强大。

图1-35 定画液

图1-36 拷贝台

图1-37 薄画板

图1-38 文件夹

图1-39 手绘板

图1-40 手写屏

图1-41 平板电脑绘制

**传统纸面手绘图与电脑手绘图的差异**：相比较而言，两类绘图方法各有优势，笔者认为大致如下。

纸面手绘图

1）练习效果好。由于电脑手绘图不方便修改，而纸面绘图有助于锻炼作画者手的控制能力和下笔的准确性。

2）成本低。与电脑绘图的设备相比，绘制纸面草图的工具成本明显更低，材料更易得。

3）更容易掌握。大部分平板电脑的电容笔已有了很好的压感，绘制出的线条和色彩块面可清晰辨别出深浅、轻重。相比较而言，真实铅笔或马克笔触碰纸张时摩擦力较大，电容笔尖触碰平板电脑屏幕会比较顺滑，习惯纸面绘画的设计师可能会感觉传统纸笔更容易控制，需要一定时间去熟悉。

电脑手绘图

1）绘制效果好。以"Pad绘"为例，由于电脑手绘图有丰富的笔触和电脑的辅助绘画功能，与纸面绘画相比，它更容易表现出绚丽和丰富的画面效果。

2）便携性强。当前的平板电脑大多外形小巧、方遍携带，对于作画环境适应性较强。

3）方便修改。可将笔触重复退回修改，对于新手更加友好，容错率高。

4）颜色纹理选择多。可以简单地实现一图多色、一图多纹理，且纹理复制方便，提升绘图效率。

## 1.7　产品透视和角度选择

### 1）透视

透视是绘画中一个非常基础且常见的元素，但一定别小看它，无论是初学者还是有绘画基础的同学都容易在绘制产品效果图时出现透视问题。无论后期的线条多么熟练、色彩多么绚丽，如果透视出现问题，都会直接影响到最终的画面效果。

焦点透视

透视是透视绘画法的理论术语。"透视"一词源于拉丁文"perspclre"（看透）。焦点透视是西方绘画常用的透视方法，其原理是从人眼（视点）的高度看去形成了一个放射状圆锥体，圆锥体在画面上所截下的图形就是焦点透视图。在这个圆锥体内的景物是人眼所能清楚看到的，称为视圈，通过视点的水平面与画面的交线是视平线（图1-41）。其过程就像照相一样，观察者固定在一个立足点上，把能摄入镜头的物象如实地照下来，由于受空间的限制，视域以外的东西就不能摄入了。愈近的物体在视网膜上的成像愈大，愈远的物体成像愈小，也就是我们常说的"近大远小"。极远处消失在一点上，这个点被称为灭点。

　　一点透视是指立方体放在一个水平面上，当前方的面（正面）的四边分别与画纸四边平行时，上部朝上纵深的平行直线消失为一点，与眼睛的高度一致，而正面则为正方形（图1-42，蓝色和红色分别为两组平行线。应用一点透视时，立方体在不同的角度形状有所不同，见图1-43，其中间点为灭点。

　　世界名画《最后的晚餐》是西方绘画中运用透视法的经典画作之一，作品中耶稣头部中央发际线的位置是"灭点"，所有的视线均指向这一点（图1-44）。

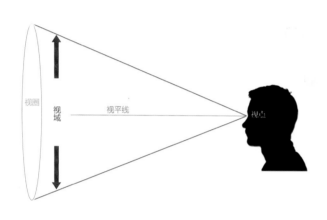

图1-41　焦点透视示意图

图1-42　一点透视

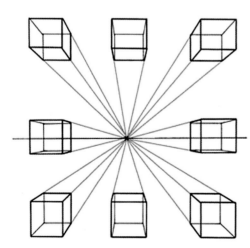

图1-43　一点透视中不同角度的立方体

图1-44　《最后的晚餐》一点透视

两点透视是把立方体画到画面上，当立方体的四个面相对于画面倾斜成一定角度时，往上纵深平行的直线产生了两个消失点。在这种情况下，与上下两个水平面相垂直的平行线也出现了长度上的缩短，但是不产生消失点，见图1-45，红色一组为平行线。图1-46为两点透视的举例示意图。

三点透视就是立方体相对于画面其面及棱线都不平行，面的边线可以延伸为三个消失点，用俯视或仰视等视角去看立方体就会形成三点透视（图1-47和图1-48）。

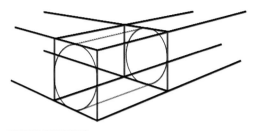

图1-45　两点透视

散点透视

中国绘画和西方绘画都讲求画面的透视效果，所不同的是西方画家的透视是焦点透视，也就是说，画中只有一个视点（即人的视角）和一个消失点，这是符合人类观察自然界的实际状况的。而很多中国绘画并非如此，它有许多个消失点，画面中，画家的视角是随意移动的，因而产生了多个消失点，这种透视方法叫作"散点透视"，也叫"移动视点"。这样，画家就可以打破空间的局限，从多个角度描绘客观景物，也可以根据自己的喜好和需要改变视角绘制物象。中国绘画中散点透视的运用，较为典型的画作是北宋张择端的清明上河图卷（图1-49）。这也是中国绘画史上杰出的艺术精品之一，从画中可以看到作者从很多角度描绘各类人物、建筑、景物等，并将其组合在一起，使画面丰富而生动。

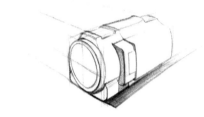

图1-46　两点透视例图

图1-47　三点透视

图1-48　三点透视例图

图1-49　清明上河图局部

### 经验小贴士

透视原理看似简单，但对于初学者来说并不容易。初学者常常会画出看上去很别扭的图，甚至对于一些有艺术基础的同学来说，也经常会出错，从而直接影响最终效果。因此，在草图绘制中，一定不能轻视透视。笔者提出关于透视的以下建议供读者参考。

**多画辅助线。**建议在刚开始起稿时多用辅助线帮助找准透视，尤其是三点透视的产品中辅助线更是必不可少。需要确定是一点透视、两点透视还是三点透视，灭点大概在哪里。同时也要注意辅助线的目的是找准形态，不用刻意把辅助线画得非常清晰明确，只要能起到提示作用即可（图1-50）。

**对称绘制。**很多产品是对称的，但初学者绘画时经常在产品角度较大时遇到透视问题，如汽车的轮胎（图1-51），建议绘制时就同时把两边的轮胎画出来，这样更容易找准形态。

**先大后小。**先绘制大概产品框架，大体形态准确后再画细节部分，避免陷入局部而忽略整体，从而减少透视问题。如图1-52，先定出运动鞋的最高、最低、最左、最右点，画出大体轮廓，确定无误后再画出内部细节。

**注意边缘。**近大远小是透视的基本规律，因此相同的形态在近处和远处的形态自然会有变化，如比较容易出错的圆形和椭圆形。在画一些柱状物且横截面为圆形或椭圆形时需要注意形态"从圆到扁"或"从扁到圆"的变化（图1-53）。

需注意圆的边角与柱状面接触之处为自然过渡的弧线，而不是有尖角的枣核形（图1-54）。

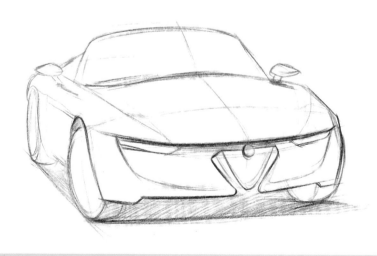

图1-50　绘制多条辅助线的产品图　　　　图1-51　对称绘制的汽车

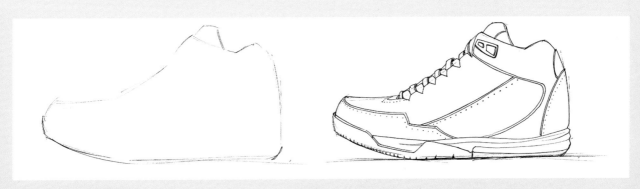

图1-52 先画外框再画内部

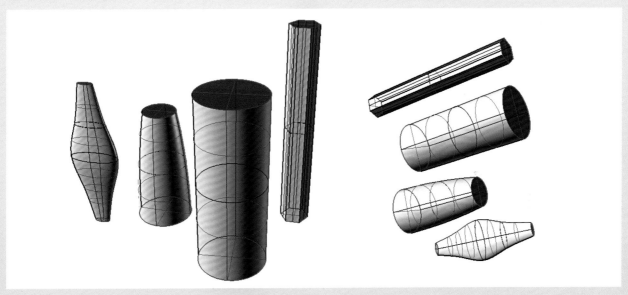

图1-53 圆形与椭圆形的透视变形

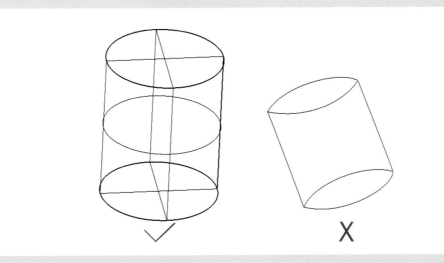

图1-54 椭圆形与枣核形的横截面

### 2）角度选择

画效果图时，选择不同角度及视平线高度对于同一个产品的表现具有很大的影响。在选择角度画效果图时一般需要注意两点：其一，是否可以展现产品的最重要特征；其二，展示角度或形态是否优美。

有很多优秀的产品如同精美的雕塑一样，从任何角度来看线条都十分优美流畅，块面分割合理，色彩搭配协调，但也有一些产品仅有一些角度适合展示宣传。外观是产品给用户的第一印象，所以好的角度选择至关重要。如图1-55所示，笔者将阿莱西产品的安娜开瓶器简单建模后进行试验，不同角度可以展现出产品的不同特点，显然此产品的不同角度展示有优有劣。

对于新用户来说，最开始接触产品大多是通过宣传海报或广告，最好可以在短时间内使用户了解该产品的主要功能与特点，因此产品效果图作为产品展示的第一个阶段十分关键。比较常见的几种角度选择包括上方45°斜视、平视、俯视、仰视、大角度斜视、组合等。图1-56~图1-58为NIKE乔丹10篮球鞋的不同角度效果图，可以看出，虽然是同一双鞋，但展示出的特点和给观者的感受却有所差异。

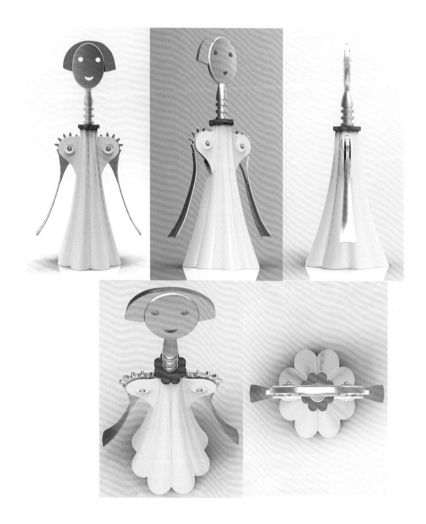

图1-55
安娜开瓶器模型的不同角度

图1-56 篮球鞋不同视角1

图1-57 篮球鞋不同视角2

图1-58 篮球鞋不同视角3

　　上方45°斜视易于展现产品全貌，一般至少有三个面可以展示到，可描绘出产品的大致特点，适用于各类产品的常规展示（图1-59）。

　　平视适合展示一些有丰富平面细节的产品，有时甚至会展示出与其他角度完全不同的效果，如图1-60路灯设计的顶视图平面；平视也适合展示产品细节，平面感较强，会让画面显得有意味，如图1-61无印良品的CD播放器设计。

　　俯视展示的产品大多可概览全局，有整体感，有一览众山小之感。图1-62是著名建筑设计师勒·柯布西耶的作品朗香教堂俯视图，它可较为全面地概览全局。

图1-59　路灯上方45°斜视图

图1-60　路灯顶视图

图1-61　无印良品CD播放器

图1-62　朗香教堂俯视图

　　仰视角度适合表现产品的雄伟、高大、稳健，仰视的产品存在感较强，产品可显得高大雄伟，如图1-63的路灯仰视图和图1-64的朗香教堂仰视图，可把它们与图1-59、图1-61、图1-62俯视图对比来看。

　　组合。对于形态较为简洁的产品，将其进行不同形式的组合可产生不同的效果，可展现产品的不同侧面、角度和色彩，也可产生节奏感和韵律感。组合通常可以"按序"或"自由"组合，"按序"组合可体现秩序之美，尤其适合造型简洁或可叠摞放置的产品（图1-65和图1-66）；"自由"组合是看似随意，实则也是经过设计的相对自由的组合形式（如图1-67）。

图1-63　路灯仰视图　　　　图1-64　朗香教堂仰视图

图1-65　按序组合的椅子

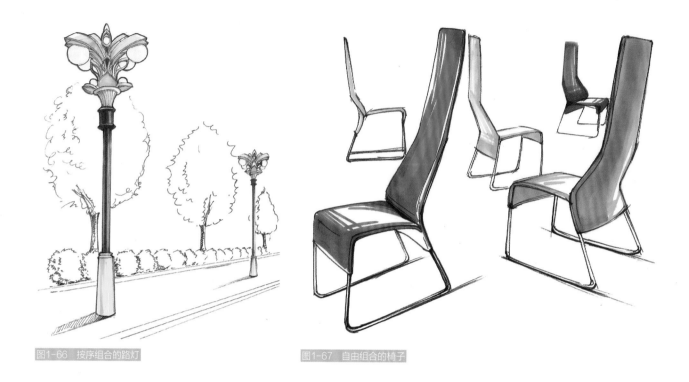

图1-66 按序组合的路灯 图1-67 自由组合的椅子

## 1.8 练习

建议用一周时间完成以下任务。

1）按需要准备绘图工具。

2）尝试不同工具的绘画感受。

3）初学者可以尝试绘制正方体或其他简单形体的三种不同透视图；有绘画基础的读者可以绘制一些形态简单、直线较多的工业产品，寻找"工业感"。

4）从不同角度观察并拍照记录一款产品，对照片进行比较。

# 二 线稿基本技法

## 2.1 线稿绘画"七步走"

　　线条是构成产品的基本元素。练习线条是绘制效果图的重要基本功之一，可以说是基础中的基础。在进行真实设计项目时，线稿草图可以说是最为常见的草图形式之一，图2-1为专业汽车设计师的线稿图。笔者总结了练习线条的七个步骤，简称为线稿绘画"七步走"。读者可根据自身情况具体判断从哪一步开始练习。

(a)

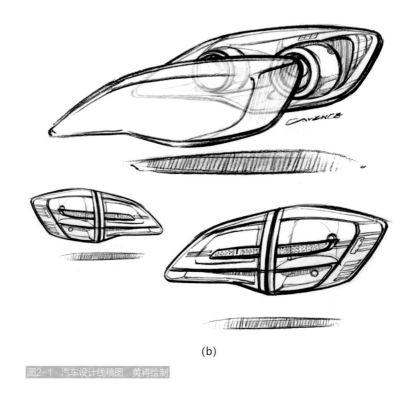

(b)

图2-1　汽车设计线稿图　黄将绘制

## 1）第一步——气息均匀平稳

关键词：气息

开始线条练习时调整气息是第一步。绘画时气息应均匀平稳，让心静下来，使自己进入一种不受打扰的平和状态，不要急于求成。可以使用A3复印纸，先练习画一些长线条，横线、竖线、斜线、曲线（图2-2），尽量画长，手臂放松自由绘制，气息平稳的同时练习手感。

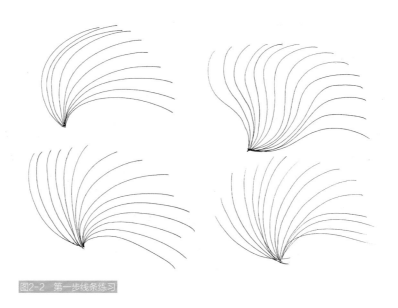

图2-2　第一步线条练习

## 2）第二步——下笔准确

关键词：控制力

做到气息平稳、手臂放松后，我们就要对下笔的准确性有所要求。通常初学者在绘制时经常会因不自信而手抖，会由于手对笔的控制不足而画不准，在这一阶段需要使手尽量控制用笔的方向和线的位置。因此训练手的控制力是第二步。练习时可以给自己规定从某点画到某点，在两条线之间限定距离，练习线的排列、线的弧度变化、不同形态的椭圆等，争取做到下笔准确且肯定（图2-3和图2-4）。

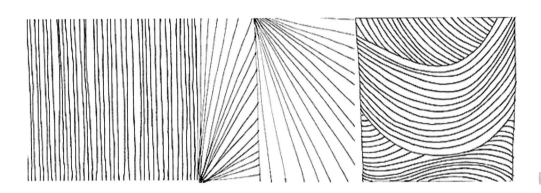

图2-3 第二步线条练习1

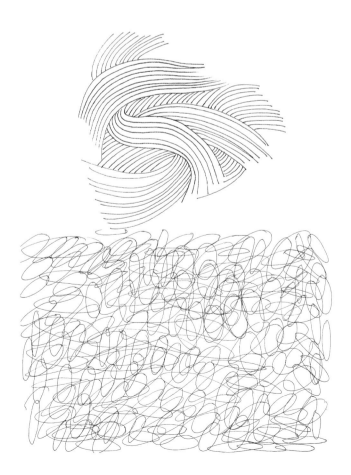

图2-4 第二步线条练习2

### 3）第三步——线条流畅

关键词：流畅

在做到线条准确的基础上，还要保证线条流畅。这与之前所说的气息有关，手对笔的控制能力也非常重要，做到这一点要结合"悬手腕"来完成。所谓"悬手腕"就是绘画时抬起手腕，绘制时做到手放松而又稳定，用力均匀而轻巧，如同涓涓细流顺河道缓缓而下之势，注意避免笔在某处停留过长或无故用力过大。在练习时可多画一些长曲线、大弧线、不同方向和弧度的椭圆线，也可以写生一些线条流畅的生物，或临摹中国古代人物画中人物衣衫的皱褶、纹理，学习其均匀流畅的用线手法（图2-5和图2-6）。

图2-5　第三步线条练习1

图2-6　第三步线条练习2

## 4）第四步——"大小"之间

关键词：工业感觉

可以大体绘制较为准确流畅的线条后，即可开始对产品进行描绘练习。刚开始画产品时，可以先画小一些，例如一张A3纸上可画4~8个产品或更多（图2-7），主要用来找区别于自然界中生物的工业产品的大致感觉，如坚硬、有棱角、速度感、光滑等。小图相对熟悉后就可绘制相对大些的产品，还以A3纸为例，一张可画1~2个产品。放大后的产品对于线条、细节等绘制要求更高，对锻炼手的控制力也更有助益，建议多练。而后再由大产品返回绘制小产品，这样会让小产品更有细节，表现力更强。

图2-7 "大小"之间

### 5）第五步——由"直"到"曲"，由"易"到"难"

**关键词：循序渐进**

可以先从相对简单且直线条较多的产品入手，然后画直线与弧线结合的产品，之后可以对一些难度较大的曲线连贯性强的大弧面、大曲线产品进行练习（图2-8~图2-12）。

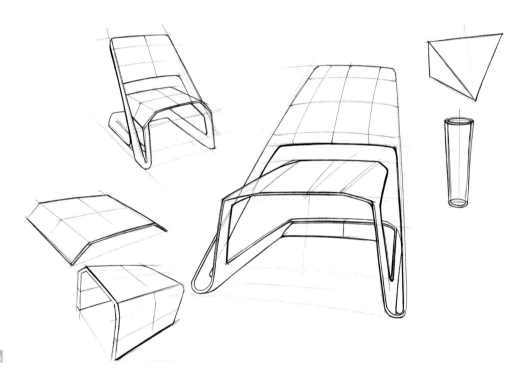

图2-8 直线为主的产品

图2-9 直线与弧线结合的产品

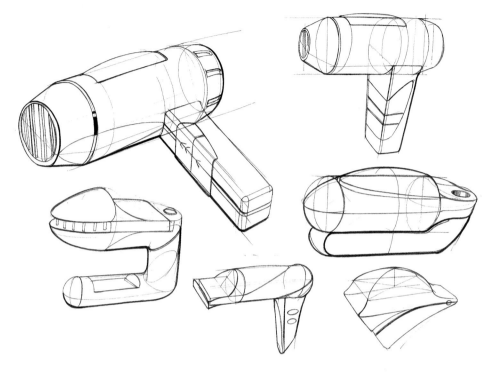

图2-10
直线与弧线结合的产品

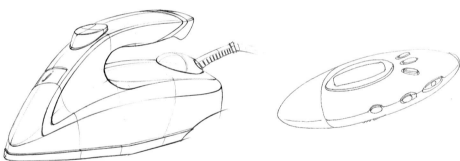

图2-11 大弧线为主的产品

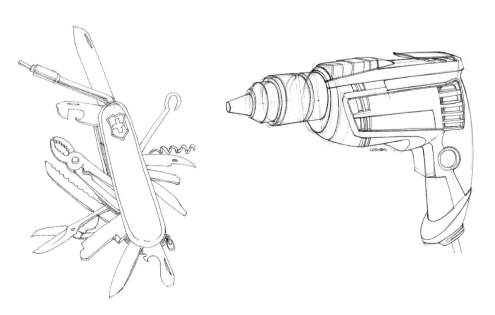

图2-12 复杂产品

## 6）第六步——表现细节

关键词：精致

可以绘制产品的大致形态后，在绘制过程中可逐渐加入对各种产品细节的描绘，如按钮、关节、分模线等，练习对于精细部分的表现技巧，锻炼自己对于细节的刻画和把控能力，尽最大能力画精致（图2-13和图2-14）。

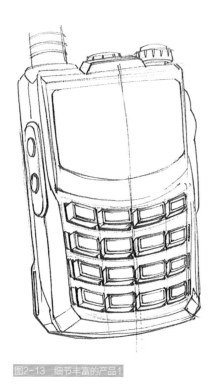

图2-13　细节丰富的产品1

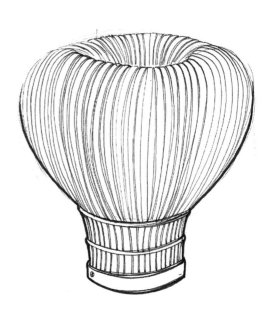

图2-14　细节丰富的产品2

## 7）第七步——轻重缓急

关键词：变化

进入这一阶段，应该已经可以较为自如地绘制流畅线条，在此基础之上就应注意用线条表现形体的前后、明暗、材质、速度等其他因素，线条就应根据需要表现出粗细、快慢、长短的变化，做到"以线塑形"（图2-15和图2-16）。例如靠前的线条粗细对比明显，靠后的则相反；产品暗部没有反光的轮廓线较为粗重，亮面的轮廓线较为细腻；在表现较软的材料，如针织物、皮革时线条应绵软，而绘制如金属、玻璃等坚硬材料时用线则应粗重；绘制如汽车这样速度感较强的产品时，线条可快速而短促并有拖尾。此阶段的练习可找一些经典产品的作品进行临摹，主要临摹其轮廓线。

图2-15 体现速度感的线条

图2-16 体现力量感的线条

## 2.2 "用线四不要"

对于初学者来说，用线时经常会出现一些问题，笔者总结为"用线四不要"，在绘制时需要注意避免。

### 不要太拘谨

下笔不自信是很多初学者的常见问题，不自信的主要表现之一就是线画得极其谨慎，不确定之处不敢画。有些同学的线条常常很短、很小、很局促，或是在一张大纸上仅选择一个小角落绘制，画作完成后留出大片空白。不自信的主要原因是不熟练，练习多了手自然会放松，画面上就会表现出自信和肯定的感觉。

### 不要反复描

绘画不自信的另一个突出表现就是"反复描"。在一根线上反复描涂以确保准确，或是一点点地画短线，慢慢描出一根线，这会导致线对体的造型体现明显减弱，且线条不一定准确，会直接影响最终表现。笔者建议初学者尽量放大胆量，一笔画一根线条，如果不准确就再画一遍，避免在一根线上来回细细描涂。

### 不要常擦涂

一般初学者都是先使用铅笔绘图，常常画不好就马上擦，擦多了线条会在纸上留印，画面很容易变脏，且会影响画者自信心。笔者建议开始画图时就告诉自己减少擦涂，这样会在潜意识中让自己尽量一笔画准，也可提高画面整洁度。

### 不要画面脏乱

产品效果图并非艺术画作，一般无需刻意制造画面脏乱效果，而整洁的画面通常会给观者良好的感受，因此画者从刚开始学习时就要注意保持画面整洁，养成良好的用笔习惯，同时时时清洁纸面、桌面、绘图工具和手，避免脏污。

## 2.3 练习

以下练习供练习者自己训练，应尽量准确，不要过于潦草，建议训练时间为一周。初学者最好将以下练习都进行一遍，量变会达到质变。有一定绘画基础的学习者可以根据自身情况从第3项或第4项开始，但应注意体会产品的"工业感"，这不同于传统美术的结构素描和速写。

### 1）直线练习

材料：A3复印纸、铅笔。

要求：画出不同方向的直线。可以交叉线条，注意线条尽量长，线间隔保持一致，开始时可间隔较大，之后则间隔逐渐变小。

数量：5张。

### 2）曲线练习

材料：A3复印纸、铅笔。

要求：画出不同方向的曲线。可先从小弧度曲线开始，再进入大弧度长曲线练习，注意保持线条流畅通顺，用笔力度均匀一致，线间隔保持一致，开始时两条线之间可间隔较大，之后则间隔逐渐变小。

数量：5张。

### 3）椭圆线练习

材料：A3复印纸、铅笔。

要求：画出不同大小、弧度、方向的椭圆线。需要注意线头与尾的衔接自然，中心对称。

数量：5张。

### 4）产品初步练习

材料：A3复印纸、铅笔。

要求：可以先画直线条较多的产品，然后画直线与弧线结合的产品，之后可以对一些大弧面、大曲线产品进行练习，并在过程中逐渐加入对各种产品细节的描绘，如按钮、关节、分模线等。

数量：直线产品3张，直线与弧线结合的产品3张，弧线产品3张，共9张。

### 5）产品深入练习

材料：A3复印纸、铅笔或针管笔。

要求：临摹稍复杂的产品，需要有产品细节，用线有轻重缓急。

数量：10张。

# 三

## 色彩知识及
## 上色方法

### 3.1　关于光影

　　物体的投影是光源发散的光线经过物体外轮廓投射在物体基准面上形成的阴影。根据光源所形成的阴影，通常物体会分为三大面，即亮面、灰面和暗面。暗面和亮面的交界处称为明暗交界线，若没有其他较强反光时，通常明暗交界线是物体最暗的部分。由于周围环境的反光，暗面与桌面接触的部分通常会亮一些，称为暗部反光，桌面等位置的反光称为投影反光（图3-1和图3-2）。

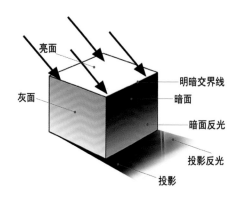

图3-1　正方体光影示意图

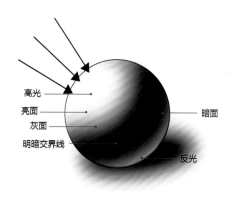

图3-2　球体光影示意图

物体的投影方向随着光源位置的变化而变化。在效果图表现中，物体的投影是有规律可循的，一般情况下，物体的投影受到三种要素的影响，即光源的位置、物体的外轮廓、放置物体的基准面。光源的角度、远近、大小与方向非常重要，决定了整个产品的明暗布局。如图3-3所示，不同角度的光源对于物体投影的影响很大，箭头代表光源，光源与地平面形成的夹角越小投影越长，反之则越短。

物体的外轮廓线直接影响到其暗部反光及阴影处理，其虚实、深浅需要根据具体情况绘制。物体放置的平面会直接影响产品受光源的影响程度及其最终的明暗效果。

物体阴影通常遵循"前实后虚""上实下虚"的规律。即距离近、靠前或靠上的部分较"实"，距离远、靠后或靠下的部分较"虚"，这里所谓的"实"可以理解为明暗对比强，"虚"则相反。

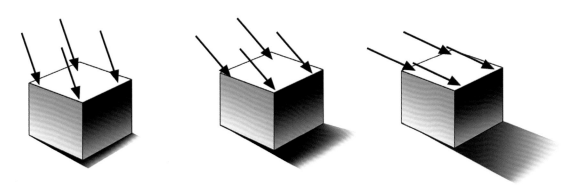

图3-3 光源方向示意图

 经验小贴士

1. 当光源较多时，明暗面比较复杂，容易出错，因此建议初学者练习时先从单一光源开始。

2. 如面对较为复杂的光源或反光强烈的材质，可以采用"比较法"，先确定最暗和最亮的部分，再绘制其他部分。在绘制过程中始终比较不同块面的明暗，注重形体、明暗的"关系"，时时做到画面统一而又有层次。

### 3.2　关于色彩

#### 1）色彩三属性

色相（Hue）：简写H，表示色的特质，是区别色彩的必要名称，如红、橙、黄、绿、青、蓝、紫等。色相和色彩的强弱及明暗没有关系，只是纯粹表示色彩相貌的差异。

明度（Value）简写为V，表示色彩的强度，即色光的明暗度。不同的颜色，反射的光量强弱不一，因而会产生不同程度的明暗。图3-4为原始色彩，图3-5为电脑去色后的效果，可以看出色彩的明度有所不同。能够拉开黑、白、灰画面的色彩，通常会体现出清晰明快的特点。

纯度也叫彩度（Chroma）：简写C，表示色的纯度，也是色的饱和度。具体来说，纯度表明一种颜色中是否含有白或黑的成分。如某色不含有白或黑的成分，便是"纯色"，色彩的纯度最高；如含有越多白或黑的成分，它的纯度亦会逐步下降。如图3-6为纯度较高的配色，图3-7的色彩则加入了较多的白色或灰色，纯度相对较低。

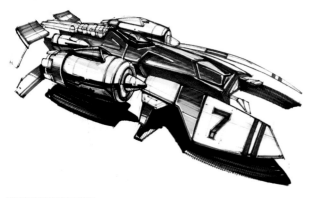

图3-4　明度对比图1
孔秀丽绘制

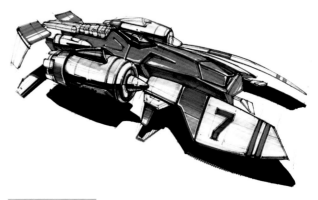

图3-5　明度对比图2

图3-6　纯度对比图1

图3-7　纯度对比图2

### 2）同类色、邻近色和对比色

同类色、邻近色和对比色是在色彩搭配中常见的概念（图3-8），在产品色彩中更是经常运用。

**同类色**指色相性质相同，但色度有深浅之分，一般是指色相环中15°夹角内的颜色，在产品色彩搭配时主要通过改变同一色相的明度和纯度形成层次感和秩序性。使用同类色的产品通常使人感觉比较和谐、纯粹，且容易取得整体感，但也会有平淡、缺乏变化之感。如图3-9就是红色的同类色搭配。

**邻近色**就是色相环中邻近的颜色，通常间隔30°左右，使用邻近色的产品通常比较和谐统一，但有时会缺少对比。图3-10为黄色、绿色两色的邻近色配色。

**对比色**也叫补色、互补色，色环的任何直径两端相对之色也就是相隔180°的两个颜色都称为互补色，对比色（等量）通常混合后呈黑灰色。常见的互补色包括红绿、黄紫、蓝橙。使用对比色的产品通常鲜明而亮丽，但有时运用不当则会显得突兀，因此对比色在使用时需注意面积大小、纯度变化、明度变化等。图3-11和图3-12为橙色、蓝色的对比色配色方案。

图3-9 同类色

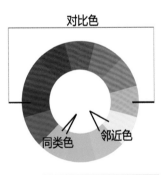

图3-8 对比色、同类色、邻近色说明

图3-10 邻近色

图3-11 对比色1

图3-12 对比色2

## 3.3 产品效果图色彩选择与搭配

目前关于产品色彩研究的相关著作并不在少数，因此这并非此部分讲述重点，这里主要讲授的是绘制效果图实战时的色彩选择与搭配。

在构思方案并进行效果图绘制时，产品色彩的选择和搭配十分重要，不同类别、不同目标人群所适用的色彩搭配截然不同。但在真正绘制效果图时，同学经常会有疑问，产品色彩那么多，而我们的马克笔、彩铅却只有几十种颜色，这怎么办呢？这就需要一开始就考虑好色彩的提炼、选择和搭配，以下给出一些用色建议。

### 1）产品效果图用色建议

#### 提炼色彩

在画效果图时，由于马克笔、彩铅色彩数量有限，不可能像油画颜料般随时调配，同时也要保证整体画面的和谐统一，这就需要设计师在头脑中对色彩进行提炼，色相数量不宜使用过多。一般完整的手绘产品效果图绘制在A4或A3纸上，笔者认为总共2~4种（黑、白、灰、金、银色不算入其中）色彩较为合适。尤其对于马克笔来说，色彩本身较为鲜亮，过多用色会使画面显得混乱而缺乏重点。

如图3-13用色较多，整幅画面稍显混乱；图3-14中部分色彩去色、调整饱和度后明显感觉整体更加协调，且中间主体物更突出。

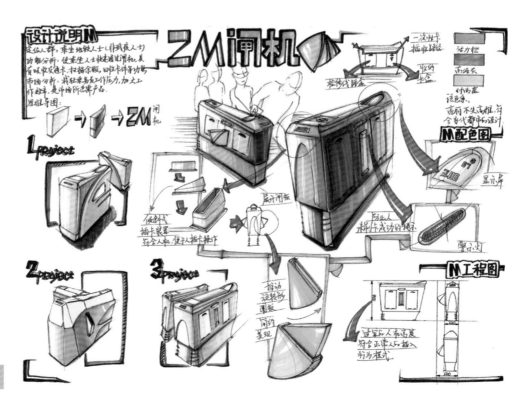

图3-13
色彩提炼示意图1

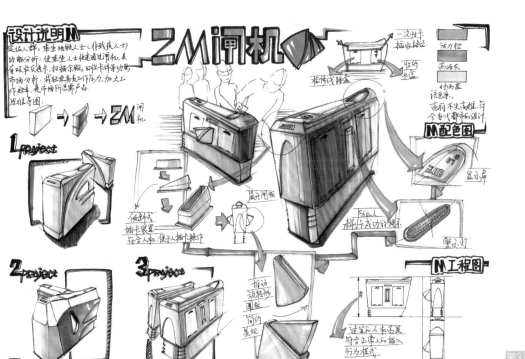

图3-14
色彩提炼示意图2

**选择的色彩需要适合于产品类别**

　　不同类别的产品根据其产品特点、使用环境、适用人群等不同因素有着相应的适合配色，除非有特别需要，一般来说需有所限制。如电动工具产品应配以较为工业化的色彩，如黄色—灰色、橙色—黑色等（图3-15），而不适宜过于柔和的色彩（图3-16）。

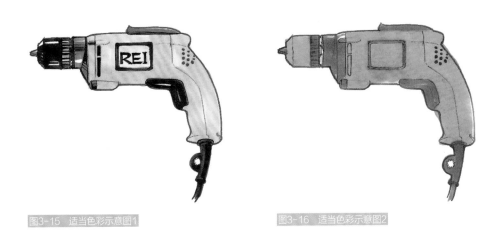

图3-15　适当色彩示意图1　　　　　　图3-16　适当色彩示意图2

选择适合观图环境的色彩

在绘制效果图前需要明确看图者的环境，如面对面给项目主管或客户看实际项目草图，则色彩可尽量真实模拟实物产品，同类色、邻近色、对比色均可。而如果需要在距离较远的场合看图，则需要尽量选择对比色，提高可视度。我们的最终目的是让观图者顺利看到且看懂画面所表现的内容，因此一定要遵循人接受图像信息的一般规律，即先被对象的大概色彩和内容所吸引，再看细节部分。同大多数绘画一样，主体产品突出且整体画面和谐统一是绘制效果图的原则。用色时建议尽量提高明度对比和纯度对比，同时也保证画面的色彩和谐。

## 2）产品效果图色彩常用搭配

由于可选色彩一般有限，且具体表现需要快速有效，因此产品效果图的配色有别于真实产品的配色，通常可以大概表现出效果。在绘制中有一些配色方案比较常用，笔者列出如下。

黑、红是比较经典的色彩搭配之一，适用于多种类型的产品。红色通常为纯色，整体给人的感觉是神秘、有力量、有性格；红黑明度均比较低，搭配起来也比较有重量感；随着黑色与红色比例的变化，产品特点也有所不同（图3-17）。

橙、灰是十分常用的配色方案。灰色面积相对较大，橙色面积较小，因这两色明度相近，相对比较中性、平和，而又有变化，对多类产品均适用（图3-18）。

橙、黄与黑这一配色明度对比强，给人的感觉是刚硬、男性化，非常适合工具类等较为有硬度的产品（图3-19）。

红、白、灰这一配色方案以白色为主。浅灰为辅，红色为点缀，这三色明度有跨度，给人的感觉是明快、干净、清新又有变化，可适用于多类产品（图3-20）。

图3-17　黑红配色产品

图3-18　橙灰配色产品

图3-19　黄黑配色产品

图3-20　红白灰配色产品

红、橙、黄、绿这一套配色颜色较多，纯度较高，偏暖，给人的感觉是明亮、温暖、亲切，非常适合儿童产品或其他相似产品（图3-21）。

粉色系一般指以粉色为主色调，配以藕荷色、淡蓝色、白色等的配色方案，相对比较淡雅、温暖、细腻，十分适合女性产品（图3-22）。

除以上所列配色方案外还有很多搭配方式，可根据需要尝试绘制（图3-23）。

图3-21 红、橙、黄、绿配色产品

图3-22 粉色系产品

图3-23 不同配色对比

### 经验小贴士

1. 整体考虑配色。在准备上色前应想好使用哪套配色，整幅画面如何配色，而不是孤立地考虑单个色彩。

2. 控制色彩面积。无论使用何种配色方式，在绘制效果图时最好能有一种主要色彩占产品相对较大的面积，这样易于画面的统一，另外1~3色可作为辅助色彩，做到有主有次、相辅相成。

3. 使用对比色。在使用对比色时，可利用降低纯度来调和画面；此外也可通过面积大小来调整，可一色面积较大，另一色面积较小，这样可使整体画面既有对比又不会过于突兀；还可运用黑、白、灰等色彩加以调配，使对比色更加调和。

4. 通过不同技法或材料营造产品肌理。在使用同类色配色时，为增加画面丰富性，可采用不同材料或质感的表面处理，如运用金属和皮质进行对比、抛光和磨砂的对比、素面与花纹对比等。在手绘图中，质感可以通过不同技法体现出来，在统一中寻找变化，肌理绘制在本书第四部分中有详细讲述。

5. 同类色配色注意画龙点睛。同类色搭配时比较和谐统一，有时为避免过于类似或整幅画面过于平淡，可增加一些纯度较高或对比色点缀细节，但需注意面积不能过大。

## 3.4　马克笔技法

### 1）马克笔技法概述

马克笔是目前产品手绘效果图的重要工具之一。其因色彩鲜艳丰富、使用方便而在手绘中广泛应用。笔者总结了几项技法要点，可概括为"马克笔技法五句话"，即：先比较后动手，清晰用笔画轮廓，用笔快速不拖沓，覆盖色彩需谨慎，笔触方向处理好。

应注意的是：没接触过太多绘画工具的同学，此阶段更多需要先放开胆量去画，不要怕画错，重要是表达，表达出来后再考虑技法再进行调整；而对于绘画基础较强的同学来说，更重要的是适应马克笔画产品的快速、果断特点，寻找大部分工业产品坚硬、平整的感觉。

**先比较后再动笔。**"比较"是各类绘画的重要方法之一，产品效果图也不例外。产品效果图是快速体现产品最佳效果的绘画形式，因此需要画面明快，让人容易读图。比较的内容包括：产品的主要色相、最暗部、最亮部、色彩纯度最高部、纯度最低部等，比较好后再下笔绘制，使整幅画面拉开明度、纯度阶梯就不会出现画面灰暗、不明快等问题。

**清晰用笔画边框。**在绘制边框时需要注意的是尽量不要使用铅笔绘制边框，因为马克笔色彩比较鲜艳，搭配铅笔外框通常使人感觉产品比较"软"，缺乏工业感。针管笔或硬度高的铅笔外框通常比较清晰、明确而有力。如果不能保证直接用针管笔绘制准确，可先用铅笔起稿，再用针管笔勾勒。

**用笔快速不拖沓**。马克笔使用时需注意一般用笔比较快速，可产生比较明显的笔触。长时间停顿时笔触边缘容易晕开不齐（图3-24）。

**覆盖色彩需谨慎**。同种色相一般先画明度高的色彩，再覆盖明度低的色彩，有加深作用。不同色相覆盖后不一定会产生水粉、油画颜料的混色效果，比较难以控制，不建议异色互相覆盖（图3-25）。

**笔触方向处理好**。对于初学者来说，还有一个比较难以掌握的点即是马克笔的笔触方向。由于大多数情况下，马克笔绘制的笔触非常清晰，绘制方向控制不好很容易让产品表面显得混乱，给观者造成错觉，因此建议笔触方向尽量顺着产品表面的走向。例如纵向表面尽量用纵向笔触，弧面则尽量用弧线笔触，且不同方向笔触叠加时更需要谨慎，尽量不出现"经纬线网格"式笔触，容易影响产品形态的塑造。

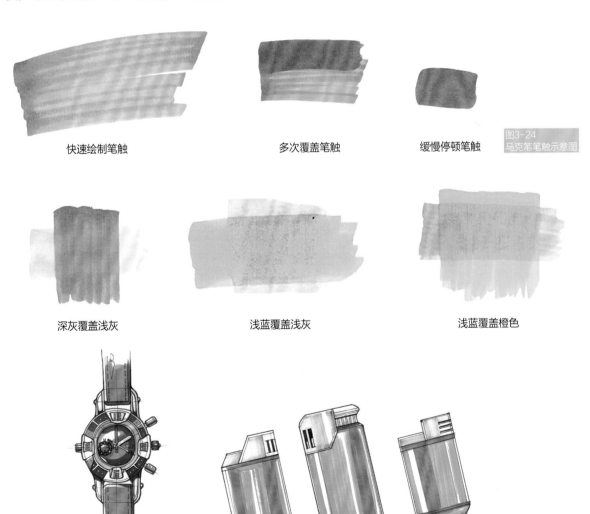

快速绘制笔触　　　　　　多次覆盖笔触　　　　　缓慢停顿笔触

图3-24
马克笔笔触示意图

深灰覆盖浅灰　　　　　浅蓝覆盖浅灰　　　　　浅蓝覆盖橙色

图3-25
马克笔笔触练习——黄欣颖
（左）、尹雪（右）绘制

## 2）马克笔技法案例示范

下面以常见的一些产品进行步骤示范，建议开始时选择形体较简单、颜色相对较少，且材质也比较单一的产品进行练习。

马克笔使用示范案例一：椅子（图3-26~图3-31）

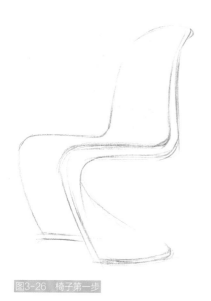

图3-26  椅子第一步

第一步，首先用铅笔起稿，画出大致轮廓。

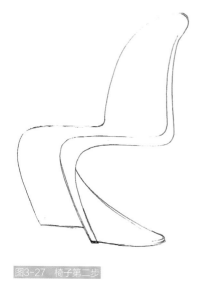

图3-27  椅子第二步

第二步，用针管笔将确定的形态画出，可选用较细的针管笔。

图3-28  椅子第三步

第三步，用较粗的针管笔勾勒最外框，可以加强对比。用马克笔上色，尽量选择一个中间色调涂满大面积色彩，亮部可以空出，也可以后期再提高光。

图3-29  椅子第四步

第四步，用同色相的红色在暗部加强，使明暗更加强烈。

第五步，用暖灰色在暗部和重要边缘线进行再次加重，进一步强调明暗对比，同时因有之前同色相的加重上色，使得明度上更有层次感。上色时需要注意笔触随着形态转折变化而画，笔触不要乱。

图3-30　椅子第五步

第六步，用白色彩铅在高光和亮部提亮，配合好之前留出的白色。把过渡、边缘线等细节部分进行修正。

图3-31　椅子第六步

**马克笔使用示范案例二：家用吸尘器（图3-32~图3-37）**

图3-32 家用吸尘器第一步

第一步，首先将吸尘器的线稿画出，尽量表现完整，画出细节。

图3-33 家用吸尘器第二步

第二步，将主色调蓝色涂上，色彩尽量铺满，再绘制阴影部分。

图3-34 家用吸尘器第三步

第三步，涂上其他部分色彩，包括灰色塑料部分、橙色小窗部分及阴影部分。注意用笔方向尽量与形态变化、转折相一致，可使笔触有规律。由于高光面积较大，可以提前留出。

图3-35 家用吸尘器第四步

第四步，考虑到主体物为蓝色和灰色，背景选用比较稳重的黑色，为使背景边缘更加干净利索可使用钢尺。

第五步，在暗部和阴影处加深，可以用深灰色或黑色，增强对比，突出主体深色透明塑料的质感。

图3-36　家用吸尘器第五步

第六步，最后进行细节刻画，注意尤其是边缘转折部分需要用重色进行强调，亮部提亮。最后画出下方四个小灯。

图3-37　家用吸尘器第六步

### 3.5　彩色铅笔技法

#### 1）彩色铅笔技法概述

彩色铅笔同马克笔一样，也是一种十分常用的产品效果图绘画工具。彩色铅笔简称彩铅，具有铅笔的特性，可像铅笔一样使用。相对于马克笔来说，彩铅的表现更加细腻、柔和，塑造能力较强，很适合表现布料、皮革、橡胶等比较软的材料。彩铅也有分类，有些笔芯质地较软，有些笔芯质地较硬，应选择适合的铅笔使用。

笔者总结彩铅使用的笔触大体有三类，即排线、加重和混涂。排线即从一个方向向另一个方向不断平行画线，力度、长度尽量保持一致，每条线之间排列紧密，适用于大面积有方向性的填涂面，线的前端与后端都不要有明显"点"或"顿笔"；加重多适用于一些边线、转折部分，需要强调时用笔力度加重，不断在一条线上强调；混涂则没有方向性明显的笔触，是比较均匀的填涂面的方式，用笔力度比较平均（图3-38）。

彩铅大体有两种使用方式：单独使用和混合使用。

单独使用时可先画线稿再涂明暗，从而形成一幅"彩色素描"，使用方法与普通铅笔差异不大（图3-39）。彩铅与其他工具混合绘制方法具体在第6节中讲解。

排线　　　　　　　　　　边线加重　　　　　　　　　　混涂

图3-38　彩铅笔触示意图

图3-39　彩铅绘制效果图

## 2）彩色铅笔技法案例示范

橡胶是一种相对柔软的材质，比较适合用彩铅绘制，笔者选择一款橡胶存钱罐进行过程示范（图3-40~图3-43）。

图3-40  存钱罐第一步

第一步，用彩铅绘制大致形态。尽量选用与产品本身色彩一致的彩铅绘制边框。

图3-41  存钱罐第二步

第二步，用肉粉色绘制小猪的身体部分，充分运用彩铅柔软细腻的笔触表现橡胶的材质感。相对于金属、抛光塑料等硬材质，橡胶材质反射率较低，对比不强，高光也不强，明暗交界线不明显，因此在彩铅上色时笔触不用太明显，尽量柔和。

图3-42  存钱罐第三步

第三步，用粉紫色涂前脚，注意前脚的球体变化；用褐色画出背部放硬币口，注意口内有深浅变化；用黑色加深瞳孔；用灰色画出眼球的立体感，并在眼球边缘处加深，增加立体感，同时加深耳朵和鼻孔的阴影部分，增加立体感。

图3-43  存钱罐第四步

第四步，用蓝色画出短裤，注意球体的塑造，与粉色身体的光源方向保持一致；加深阴影处；用棕色和肉粉色画出硬币及其阴影。

### 3.6 混合绘制技法

混合绘制技法指运用两种或两种以上绘画工具进行绘制的技法，常用的工具有马克笔、彩铅、色粉、普通铅笔等材料。

图3-44中主要使用彩铅和马克笔作为绘制工具。彩铅为主要上色工具，表现质地较为柔软且纯度较低的皮质，用彩铅画完后，再用纯度较高的橙色马克笔加以点缀。

图3-45中，用马克笔上色后再用深色彩铅绘制暗部的过渡，使产品表面处理得更细腻。

图3-44
马克笔与彩铅混合绘制
效果图1

图3-45
马克笔与彩铅混合绘制
效果图2  刚毅绘制

　　图3-46中用马克笔涂完整体深灰色后，用浅色彩铅提亮，增强立体感。

　　图3-47中的大部分色彩为马克笔绘制，用笔快速流畅，表现出了摩托车的速度感和力量感。在亮部用少量彩铅作为亮部反光，突出了金属材质的高反光效果。

　　图3-48中用红色马克笔绘制了椅子的暗部，用红色色粉表现了产品亮部。色粉的使用提高了材质的光泽度。

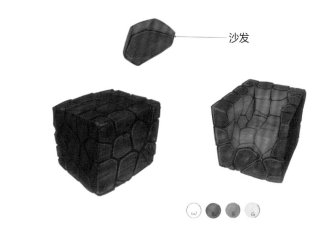

沙发

图3-46
马克笔与彩铅混合
绘制效果图3
马辛未绘制

图3-47
马克笔与彩铅混合
绘制效果图4
陈虹绘制

图3-48
色粉与马克笔混合
绘制效果图1
沈爽绘制

图3-49中汽车的绘制主要使用了马克笔和色粉两种材料，运用马克笔绘制轮胎及反光中的暗部，色粉绘制亮部，色粉之间过渡柔和，与马克笔的清晰笔触形成对比，使汽车金属材质的光感突出。

图3-50中"甜甜圈"座椅绘制中使用了马克笔、彩铅两种材料。画者用粉色马克笔绘出大面积粉色和褐色的底色，并留出亮部，待底色干透后用浅一度的粉色彩铅绘制亮部过渡部分，营造出层次感。

图3-49
色粉与马克笔混合
绘制效果图2
李响绘制

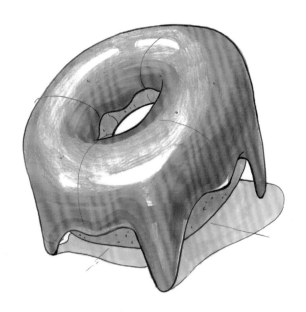

图3-50
马克笔与彩铅混合效果图
李旭阳绘制

笔者选择运动鞋、吸尘器、汽车和曲木床四种产品进行混合绘制技法的步骤示范。

混合绘制技法示范一：运动鞋（图3-51~图3-57）

图3-51 运动鞋第一步

图3-52 运动鞋第二步

第一步，选择较重的铅笔，画出大致形态。

注：为体现运动鞋的速度感及与人接触的亲和感，笔者选用了颜色较重、塑造力较强的碳铅。

第二步，用碳铅画出细节部分。注意用笔应有速度感，线的粗细要有变化。

图3-53 运动鞋第三步

图3-54 运动鞋第四步

第三步，用浅灰色先在暗部上色，注意按照形态变化用笔。

第四步，准备色粉。用美工刀削下红色色粉棒的粉末，用质地较软的纸巾沾上粉末，即可按需要轻轻涂抹，涂抹时注意产品的明暗变化。

图3-55 运动鞋第五步

图3-56 运动鞋第六步

第五步，用红色马克笔先在主体部分上色，留出亮部，再用纸巾蘸适量色粉粉末在亮部涂抹。

第六步，用深灰色及灰色马克笔将其他部分上色，并用黑色彩铅或碳铅在红色暗部加深。

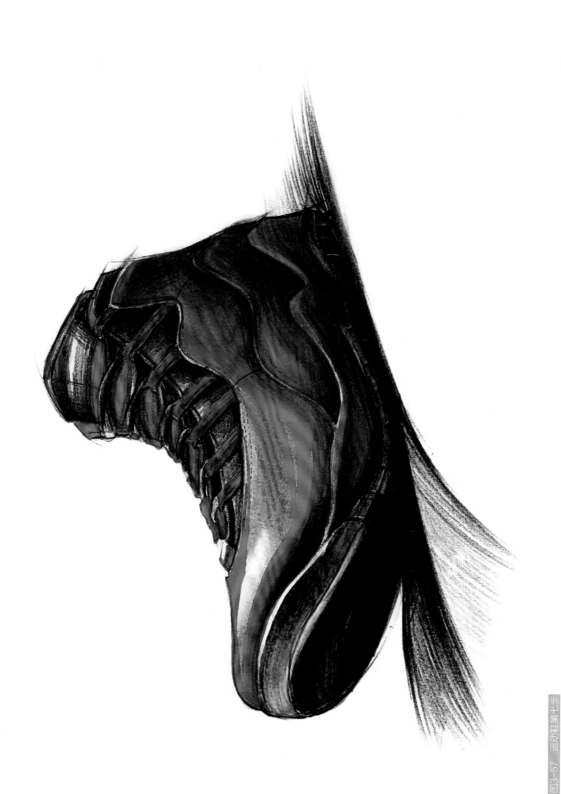

图3-57 运动鞋第七步

第七步，绘制鞋带、皮质边缘的针脚细节，用橡皮将色粉画上的高光部分涂掉，露出白色，其他部分用白色彩铅、高光笔提亮高光。

**混合绘制技法示范二：手提式吸尘器（图3-58~图3-64）**

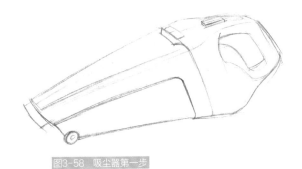

图3-58　吸尘器第一步

第一步，用铅笔起稿画出大致形态。

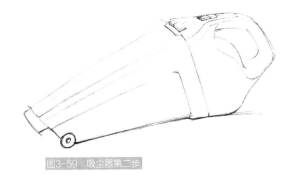

图3-59　吸尘器第二步

第二步，将铅笔稿涂掉，用针管笔勾勒精细
形态。

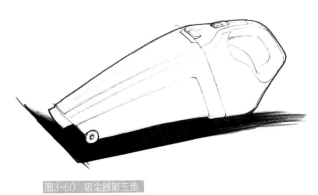

图3-60　吸尘器第三步

第三步，用粗针管笔勾勒外框，用黑色马克笔
涂阴影部分，笔触快速平直。

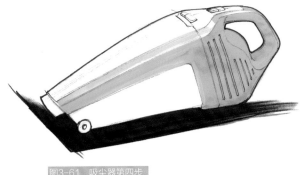

图3-61　吸尘器第四步

第四步，用蓝色马克笔涂上主色调。

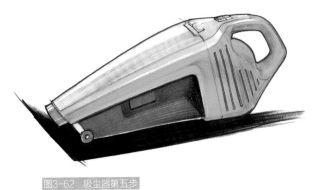

图3-62　吸尘器第五步

第五步，用灰色马克笔涂上其余上部银色塑料
及下部灰色透明塑料部分，注意先上浅灰，再上深
灰。上部操作面板和下部与地面接触的反光部分留
出白色。用橙色马克笔绘制轮子和前端。

图3-63　吸尘器第六步

第六步，彩铅强调。用黑色彩铅加重灰色透明
塑料部分的暗部，白色彩铅在阴影处和蓝色把手处
画出反光，蓝色彩铅在蓝色塑料的暗部加深、强调，
再用灰色彩铅在上部操作面板及按钮的暗部加深，
表现形体转折。最后用黑色彩铅画上logo。

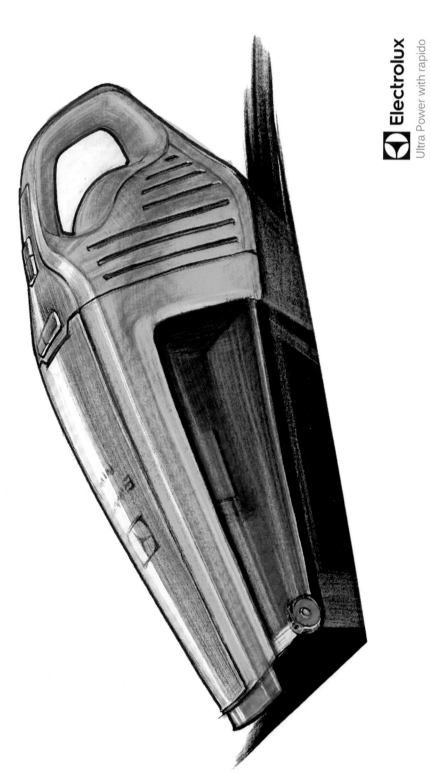

Electrolux

Ultra Power with rapido

图3-64 吸尘器第七步

第七步，用白色彩铅在灰色透明塑料部分提高光，做出透明效果。整理其他部分细节。

混合绘制技法示范三：跑车（图3-65~图3-71）

图3-65 跑车第一步

图3-66 跑车第二步

第一步，用碳铅笔画出产品轮廓，因汽车比较复杂，可将细节也画出。

第二步，用黑色马可笔先画出最暗部分，包括阴影部分。

图3-67 跑车第三步

图3-68 跑车第四步

第三步，用红色马克笔绘制主体颜色，尽量铺满色彩。

第四步，用深灰色涂上车前脸、车前玻璃窗。注意光线摄入角度。加强明暗交界线，区分亮部、暗部。

图3-69 跑车第五步

图3-70 跑车第六步

第五步，绘制细节，如车前灯、车前LOGO、车轮毂、轮胎、坐椅、车后视镜等。并用碳铅加深车侧面暗部，注意笔触随形态变化而变化，尽量流畅。

第六步，进一步完善细节，归纳多余的笔触。在侧面暗部上用白色彩铅、高光笔绘制反光。扩大阴影范围，注意用笔快速、保持笔触方向。

图3-71 跑车完成图

**混合绘制技法示范四：曲木床（图3-72~图3-76）**

图3-72 曲木床第一步

第一步，用针管笔勾勒形态。

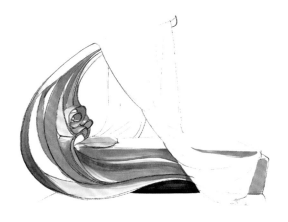

图3-73 曲木床第二步

第二步，曲木、床的暗部、亮部分别上色。

图3-74 曲木床第三步

第三步，用浅灰色绘制白纱，尤其注意笔触应顺应布褶流转变化，用笔轻巧，要体现薄纱的半透明和飘逸感。

图3-75 曲木床第四步

第四步，用棕色和黑色彩铅加重曲木和床的暗部，注意过渡自然，顺应曲木纹理；用深棕色绘制阴影部分；加重白纱暗部。

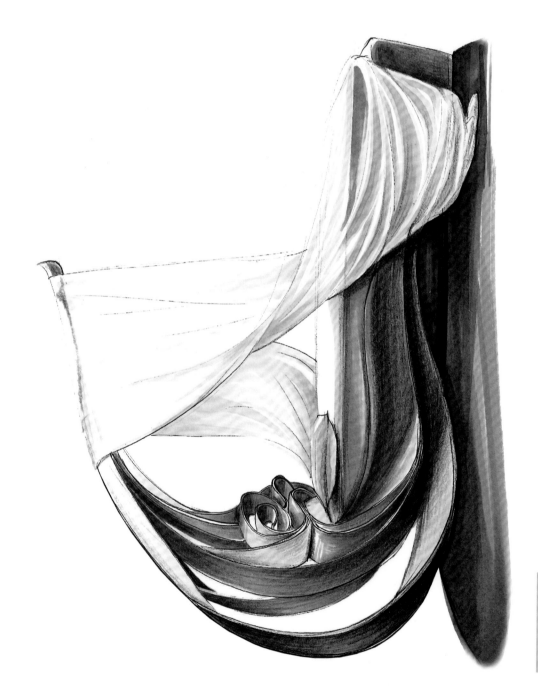

图3-76 曲木床完成图

### 3.7 电脑绘图

除以上手绘方法外，目前还有很多设计师将手绘与电脑绘制相结合，主要使用的方法大致有以下两种。

**1）纸面手绘图+电脑手绘图**

为了更准确地表现形态，或者节省时间，亦或创造更加丰富的画面效果，设计师们会根据具体产品特性将纸面草图与电脑效果图相结合。

图3-77为惠普打印机一线设计师设计草图的设计创作过程图。由于打印机内部构造已经确定后，设计师在电脑中先用软件进行基本构造设计，绘制出浅色大块面堆叠的形式进行表现。这种形式可以复制多份，之后再将图纸打印出来，在大块面的基础上进行细节手绘设计。这种电脑与手绘结合的形式非常有利于节约时间、提升效率。

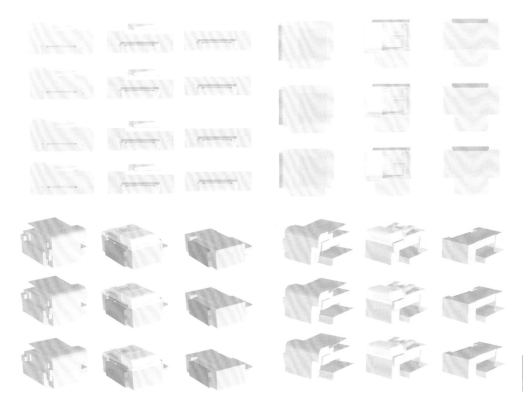

图3-77
手绘+电脑方法绘制范例
邹志丹绘制

有的设计师也会在手绘图基础上增加其他设计过程以丰富画面内容，从而进行综合性的展示。图3-78中为一款为青年男性设计的概念手动剃须刀，集合了草图、上色效果图以及草模型制作三个深入过程，经过构图设计后，画面更具有层次感，且内容饱满，是制作个人设计作品集时的常见方式。

图3-79为手绘线框图后扫描进电脑再用手绘板上色，并将线框图与上色图放在一起，使效果图内容更丰富，过程清晰。

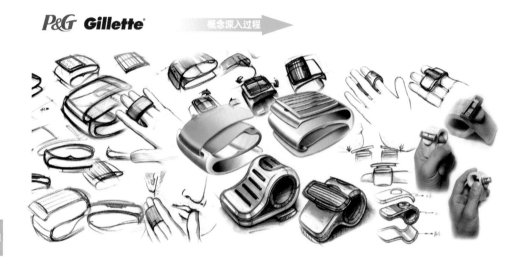

图3-78
手绘+电脑方法绘制范例
梁峻绘制

图3-79
手绘+电脑方法绘制范例
张小康绘制

### 2）全电脑处理

　　随着技术的发展和分工的精细化，越来越多的设计师也直接用电脑进行绘图，如用手写板、手写屏，或直接用平板电脑绘制。还有的设计师将二维软件与三维软件共同使用，将三维模型建立好后再在二维软件中进行优化。

　　图3-80~图3-82中的两个案例为某品牌空间智能融合终端以及智能狗玩具，都是设计者直接运用平板电脑进行产品概念的基本草图绘制，后期又运用三维软件建模、渲染。

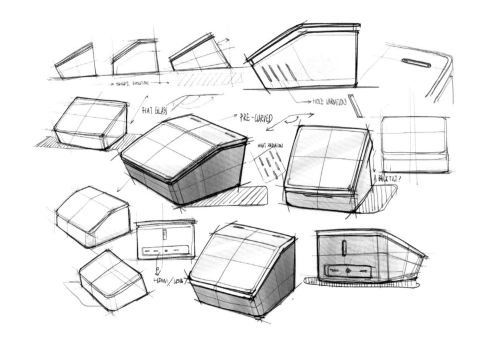

图3-80
某品牌空间智能融合终端
草图　单峰绘制

图3-81
某品牌空间智能融合终端
渲染图　单峰设计

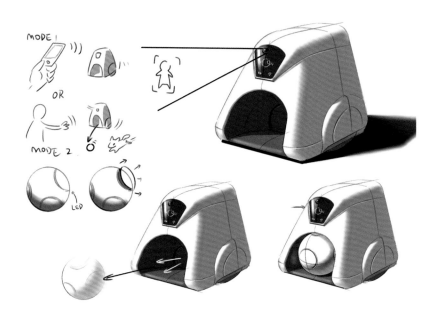

图3-82
智能狗玩具产品草图
李自翔绘制

图3-83
智能狗玩具产品渲染图
李自翔绘制

　　图3-84~图3-92为笔者运用平板电脑设计并绘制的一款共享换电卡车侧面图，在此将主要步骤进行了分解。需要注意的是，平板电脑中使用的绘图软件比较多样，可根据自己的设备和需要从软件应用市场中选择下载，建议尽量选择笔触丰富，且可以显示出用笔压感的软件。

　　平板电脑绘制技法示范：共享换电卡车

图3-84　线稿图
共享换电卡车第一步

　　第一步，在软件"笔触"中选择"铅笔"或其他较细的笔触，颜色为黑色，如纸上草图一样绘制出卡车的大致形态线稿图，暗面和阴影可以顺手涂上。注：①阴影不必过多，主要起到提示作用；②部分软件有"尺子"功能，可协助绘制直线、弧线、圆形等，更适合新手。

第二步，熟悉软件中的"图层"功能。图3-85为不同软件的"图层"区截图，"图层"可以帮助绘者区分不同内容，十分方便后期随时修改，且不容易影响其他部分。注：建议一个色彩或一个区域使用一个"图层"。

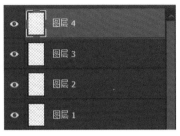

图3-85 图层使用 共享换电卡车第二步

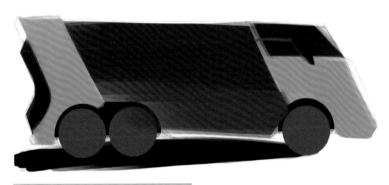

图3-86 大块面绘制 共享换电卡车第三步

第三步，在软件"笔触"中选择可大面积绘图的笔刷，快速将整体颜色铺上，颜色可选择每一个色块的中间色，铺色时可以超出现有边缘线，上色完成后可通过降低图层的"透明度"的方式用"橡皮"涂干净多余部分。注：图层的前后关系，例如轮子的深灰色图层在黑色阴影图层之上。

第四步，绘制轮胎，可分为不同图层，先绘制底层浅灰色，再绘制中层深灰色，最后绘制上层三个小长条装饰。绘制好一个轮胎后复制其他，也可根据需要直接将已准备好的轮胎图片导入图中。

图3-87 分层绘制 共享换电卡车第四步

图3-88 暗部绘制 共享换电卡车第五步

第五步，在已有大色块的基础上铺大面积暗部。初学者建议更换图层，此种方式更容易后期修改色彩形状。

第六步，绘制亮部和高光。注意绘制亮部时的光泽感和笔触效果，需尽量使用大面积、渐变效果的直线条，根据光源方向设定，不同面的亮部颜色也应有所区分，如顶面偏黄色，右侧面偏蓝色等；亮部画完后再画高光，高光不能太多，也尽量画出色彩倾向。

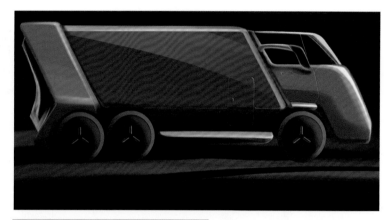

图3-89　亮部和高光绘制　共享换电卡车第六步

第七步，后视镜、门把手的细节处理。细节是画龙点睛之笔。

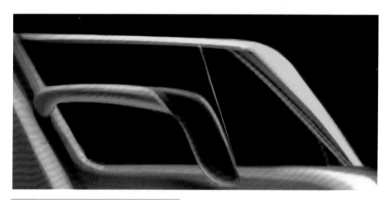

图3-90　细节处理　共享换电卡车第七步

第八步，绘制车身上的"电池"样涂装，需要注意与整体的配色及比例，既能够表现细节、提精神，又能够与整体画面和谐统一。最后将整体阴影、背景等进行调整。

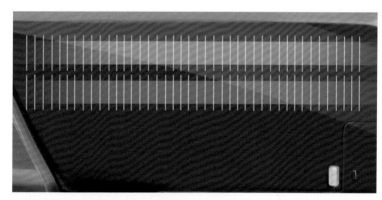

图3-91　涂装处理　共享换电卡车第八步

图3-92 共享换电卡车完成效果图

## 3.8 练习

以下作业供学习者自己训练，建议时间为两周，并按照上色手绘效果图、上色电脑效果图、经典产品照片的顺序进行临摹。建议每张图的绘制时间由慢加快，例如每张从临摹1小时到临摹40分钟，再到半小时甚至更短。学习者可根据自己的绘画基础具体情况调整绘制张数和训练重点。

材料：A3复印纸、针管笔、马克笔、彩铅、色粉等。

内容：

1）临摹优秀上色手绘效果图15张。

2）临摹优秀上色电脑效果图15张。

3）临摹经典产品照片15张。

4）尝试运用电脑处理效果图3张。

# 4 不同的
## 产品材质和纹理表现

## 4.1　不同的产品材质表现

出现在我们工作与生活中的材质有很多，不同的材质在效果图绘制表现时都有不同的要领。本书精选了最为常见的五种材质进行讲解，分别是金属、玻璃、塑料、木材和皮质。

### 1）金属材质

在产品效果图中表现的金属大多是抛光金属，源于此类金属更容易表现效果，对比明显（图4-1和图4-2）。

在绘制时请注意：

（1）高光、暗部、明暗交界线、反光的边界线大多界限分明。

（2）用笔时应注意线条尽量直硬、干净利落，不要拖泥带水。

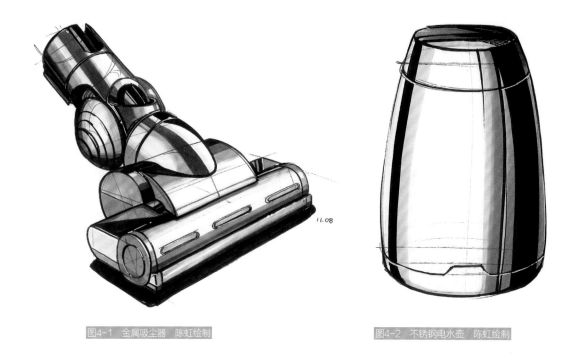

图4-1 金属吸尘器 陈虹绘制　　　　　图4-2 不锈钢电水壶 陈虹绘制

## 不锈钢水壶绘制步骤示范（图4-3~图4-7）

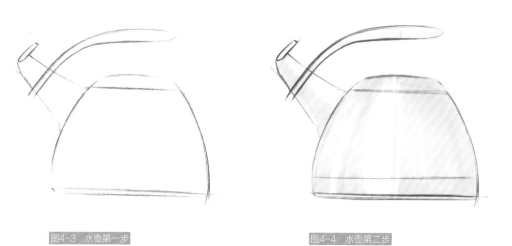

图4-3 水壶第一步　　　　　　　图4-4 水壶第二步

第一步，画出水壶的初步形态。　　　第二步，用浅灰色画出基本色调。

图4-5 水壶第三步

图4-6 水壶第四步

第三步，用深灰色强调暗部，注意需整体强调。时时明确光源位置，同一产品中不同部分的光源要保证一致。

第四步，用黑色在暗部继续加重，表现明暗交界线，并进一步强调暗部，增强对比。

图4-7 水壶第五步

第五步，用浅蓝色在亮部补充，模仿天光，用浅黄色绘制亮部，并勾勒出形体中的接缝细节。

### 2）透明材质

以玻璃、有机玻璃等材质为主的透明材料，通常有两种画法，一种是在白纸上画，另一种是在有色纸上画。

在白纸上绘制时请注意：

（1）玻璃自身有一定灰、淡灰蓝或淡灰绿的色彩，一般纯度较低，且明度较高。

（2）由于玻璃材质透明，可看到玻璃后面的色彩，两层或多层玻璃重叠颜色会加重。

（3）由于光的反射、折射等原因，玻璃材质经常很难区分出亮、灰、暗面，或是在一个曲面中有多套亮、灰、暗的重复，此时还是应该以光源的方向为准，先分析好再画。

绘制盛有液体的玻璃杯时，首先应注意液体与杯体之间的关系以及色彩区分，如图4-8中玻璃瓶有灰绿的基色，同时还有可乐色彩的反光。图4-9杯体清透，亮面较大，可提前预留出空白，并绘制出红色果汁在光源下的色彩变化，最后对边缘部分进行加重或提亮处理，或尖锐或缓和，尽量用笔触去体现形态的变化。

绘制透明的玻璃杯中盛放的清水时，则可以通过对水花以及阴影部分的处理来区分材质，如图4-10所示。

图4-8　盛有可乐的玻璃瓶　邬佳桐绘制

图4-9　盛有饮料的玻璃瓶　曹元绘制

图4-10　盛有清水的玻璃杯　王睿绘制

透明材质的另一种常用画法是"底色高光法"，即在有色底上绘制产品，再用淡色提出高光的画法，可以说是在白纸绘制的反向画法。底色高光法可以直接用有色纸张绘制，也可以在白纸上先画出有色背景再在其上绘制。如果用黑卡纸或深色卡纸绘制，可以把底色直接当成暗部，首先用白色或其他浅色绘制出高光、亮部，再绘制灰面，留出暗部，最后绘制细节。用这一方法绘制玻璃比较简洁，一般可以减少大面积涂色。

在使用底色高光法时请注意：

（1）选择底色时（无论是用有色纸还是自己绘制底色），不要选择明度太高的色彩，尽量选择中、低明度的深颜色。

（2）如果运用中明度底色，则在后期绘制产品时可将底色当作产品灰面或暗面留出来，再画出亮部、高光，并用深色加重暗部，最后绘制细节（图4-10）。

（3）绘制边缘时应注意亮部也有轻重、粗细变化，应该比较着画。

（4）由于大多数人习惯画暗部，留亮部，需要注意绘制亮部时不能绘制过多，用笔过多则会使材质感不明显（图4-11和图4-12）。

图4-11 底色高光法绘制玻璃水杯

图4-12 底色高光法绘制玻璃酒杯

## 玻璃水杯绘制步骤示范（图4-13~图4-16）

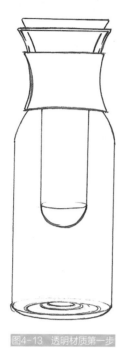

图4-13　透明材质第一步

第一步，绘制水杯的大致轮廓。

图4-14　透明材质第二步

第二步，初步绘制内部金属和外部橙色橡胶，用淡灰色绘制玻璃壁。

图4-15　透明材质第三步

第三步，用浅灰色加重玻璃杯壁，用橙色加重橡胶。

图4-16　透明材质第四步

第四步，用白色绘制玻璃和金属高光，让橙色橡胶的各部分过渡柔和，完成细节。

### 3）塑料

塑料是较为常见的日用产品材料，生活中的塑料种类很多，在绘制效果图时为了更好地表现效果通常以抛光或亚光处理为主（图4-17~图4-20）。

在绘制时请注意：

（1）抛光塑料边界线比较清晰，高光较多。

（2）可以使用纯度高的色彩。

（3）除表面特殊处理外，一般抛光、亚光塑料的表面比较细腻。

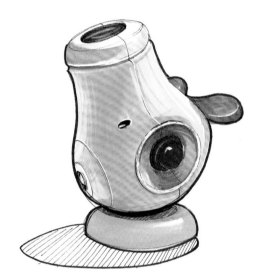

图4-17 塑料玩具

图4-18 塑料笔插

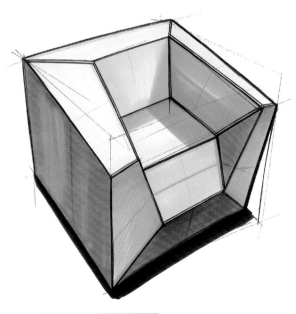

图4-19 塑料沙发 陈虹绘制

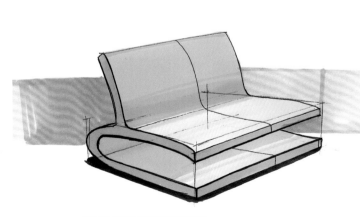

图4-20 塑料座椅 陈虹绘制

## 塑料咖啡壶绘制步骤示范（图4-21~图4-26）

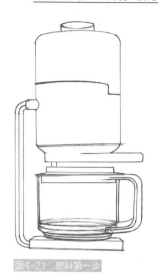

图4-21 塑料第一步

第一步，绘制出咖啡壶的轮廓。

图4-22 塑料第二步

第二步，用浅蓝色和中蓝色平涂绘制出上部和底部塑料的大面积色彩；用深灰色绘制咖啡壶的塑料部分。注意留出亮部，笔触尽量规整。

图4-23 塑料第三步

第三步，用中蓝色和深蓝色平铺塑料暗部，用浅灰色绘制玻璃暗部。

图4-24 塑料第四步

第四步，用深蓝色加重暗部以拉开明暗。用白色高光笔绘制蓝色塑料中间分模线细节，并画出排气口。

图4-25 塑料第五步

第五步，用相同的深蓝色在暗部再加重，用黑色加重深灰色咖啡壶部分。

图4-26 塑料第六步

第六步，用中蓝色绘制塑料过渡部分，减弱对比，模拟塑料感。绘制蓝色散热小孔细节，用较细的高光笔提亮。

## 4）木材

木材是一种天然材料，质地相对于金属、塑料等工业材料来说比较软，除红木等硬木外大部分属于暖色，且大部分木材有较为明显的木纹。

在绘制时请注意：

（1）既要表现出纹理又不能表现过度，一般先画出底色再勾勒纹理。

（2）颜色选择最好为接近木色的土黄色、棕色、深棕色等，而不要选择纯度过高、过于鲜艳的色彩。

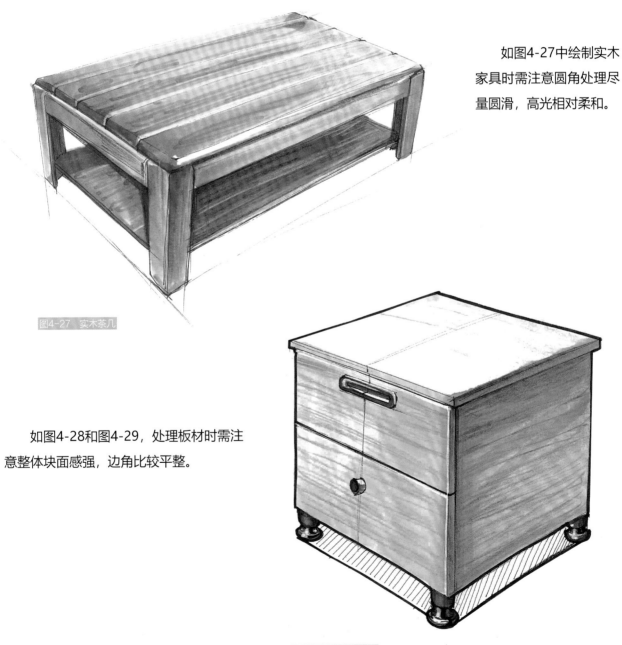

如图4-27中绘制实木家具时需注意圆角处理尽量圆滑，高光相对柔和。

图4-27　实木茶几

如图4-28和图4-29，处理板材时需注意整体块面感强，边角比较平整。

图4-28　板材床头柜

图4-29 板材座椅

如图4-30中绘制红木
时，需注意红木颜色相对较
重，边角清晰，光泽度较好。

图4-30 红木茶几

实木手柄刀具绘制步骤示范（图4-31~图4-34）

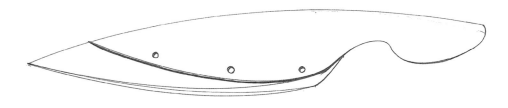

图4-31  木材第一步

　　第一步，用针管笔勾勒具体形态，刀具曲线较大，注意用线流畅。

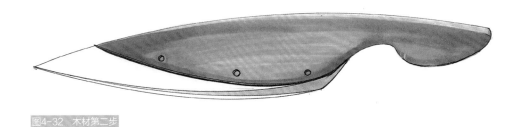

图4-32  木材第二步

　　第二步，用棕色绘制刀柄部分，可在重要转折部分多次覆盖同色进行强调；用浅灰色和深灰色绘制刀刃部分，笔触以快速平涂为主。画出螺钉孔等细节。

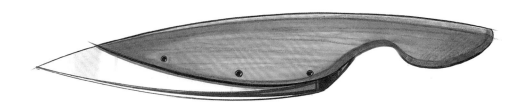

图4-33  木材第三步

　　第三步，用稍重些的浅灰色绘制刀刃反光，注意用笔快速利落；用棕色彩铅绘制刀柄木纹和转折部分；用同色马克笔上色并突出造型的流线感，再次用较粗的针管笔勾勒重要曲线。

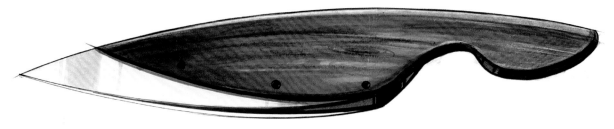

图4-34  木材第四步

　　第四步，用棕红色等多色彩铅绘制出较为丰富的木纹细节，用白色彩铅绘制高光部分，注意未抛光的木制高光比较柔和，用黑色加重金属暗部。

### 5）皮革

皮革是最让人感觉亲近的材质之一，柔软、有光泽、有肌理（图4-35~图4-37）。

在绘制时请注意：

（1）与其他材质相比，皮质较为细腻，经常需要多层覆盖，可考虑先用马克笔上底色，再大量用彩铅进行过渡。

（2）除漆皮等特殊处理的皮质外，大部分常见皮革的亮部和高光都比较柔和，边缘模糊。

（3）皮革通常使用线来连接，因此绘制时需注意针脚细节的精致处理，也应有亮、灰、暗部及阴影。

（4）由于皮质通常比较柔软，整块皮中很少有非常锐利的转角，曲面一般都比较平缓，因此用笔时笔触一般不应过于明显。

图4-35 软质皮革运动鞋

图4-36 软质皮革沙发

图4-37 亮光皮革座椅

## 亮光皮鞋绘制步骤示范（图4-38~图4-41）

图4-38 皮鞋第一步

第一步，用针管笔绘制皮鞋的轮廓。

图4-39 皮鞋第二步

第二步，用浅灰色整体上色，尽量不要留白。用黑色绘制阴影。

图4-40 皮鞋第三步

第三步，用中灰色加重暗部，注意尽量忽视不同皮块的拼接，而将皮鞋视为一个整体，光源及亮、灰、暗部应该统一。

图4-41 皮鞋第四步

第四步，用深灰色再次上色，注意暗部加重。用深色彩铅在暗部进行过渡，此亮光皮鞋质地相对较硬，但也需尽量减少笔触。绘制鞋带、针脚等细节部分后再用白色彩铅提高光，注意高光不要过强过亮。

## 4.2　表面处理的表现

产品的表面处理一般指产品的色彩、材质、花纹、肌理等表面元素的综合外观效果。目前市场中常见的产品表面处理多种多样，设计师会根据实际用途、用户的喜好和流行元素等综合进行设计和选择。

产品表面处理的表现到位，可以让产品显得更加精致、真实，从而更准确地表现出产品的最终效果（图4-42~图4-44）。

图4-42　表面段线凹凸处理的签字笔　　　　图4-43　表面圆点处理的杯套

图4-44
表面斜线拉丝处理的运动鞋

**电动剃须刀绘制步骤示范（产品表面小方格的处理）（图4-45~图4-48）**

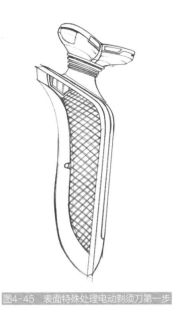

图4-45 表面特殊处理电动剃须刀第一步

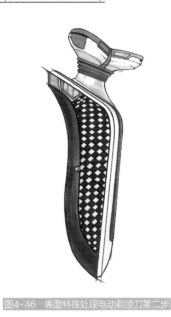

图4-46 表面特殊处理电动剃须刀第二步

第一步，用针管笔勾勒清晰线条，包括纹理部分，但需注意纹理线条可相对较轻。

第二步，根据设计平涂上大部分色彩，高光部分可留出。

图4-47 表面特殊处理电动剃须刀第三步

图4-48 表面特殊处理电动剃须刀第四步

第三步，用深色绘制出各部分暗部，注意笔触应随着形体转折流动而变化，区分出亮、灰、暗面。绘制产品表面每个小方块的亮面和暗面。

第四步，更为细致地绘制每个有弧面的小方块，尤其强调明暗交界线及边线部分。进一步加强整体的明暗对比，暗部加深并提出高光。绘制其他细节部分。

经验小贴士

1．在绘制有纹理的产品时，应注意先画基础大面积颜色，之后再绘制纹理，尽量不要一开始就着重纹理细节的绘制。

2．纹理通常是表面处理，是在形态、材料基础上的处理，因此形态、材质感的表现在前，纹理感的表现在后，不应过于强调纹理而忽略形态和材质的塑造。

### 4.3　练习

以下练习供学习者训练，建议训练时间为一周。

材料：A3复印纸、针管笔、马克笔、彩铅、色粉等。

内容：

1）临摹5~8种生活中常见材料制作的产品效果图。

2）临摹5~8种材料制作的产品照片。

3）设计一款家居产品、一款数码产品、一款交通工具，每种产品至少使用两种材质，需要表现不同的材质感。

# 5 产品内部结构分解

## 5.1 基本概念及作用

通常，在设计一件产品最初，需要对同类产品或相似产品进行深入的研究，而对于产品的拆解无疑是了解其内部的重要方法之一。在进行了拆解产品的步骤后，设计创新产品时就会更加胸有成竹，可以十分明确哪些空间必须留出，哪些部件必需保留，部件之间的关系，每个部件的基本尺寸，每个部件的固定方式，外部形态可创作的空间等具体问题。还可以据此继续深入了解各部件常见的型号尺寸、特征，便于后期的创新设计。

一种产品内部结构的常用表现形式是机械制图，机械制图可用图样确切表示产品的结构形状、尺寸大小、工作原理和技术要求，设计师可用此类图纸直接与工程师进行交流，与后期生产加工相衔接，如图5-1是由A-one艾万设计工作室设计的UFO系列腕表的机械制图图纸，图5-2为实际产品照片。目前一些软件也可以完成类似工作，做出产品的工程图，如Solidworks、CAD等。

再如，图5-3为A-One工作室设计的办工座椅图纸，图5-4为座椅渲染图。

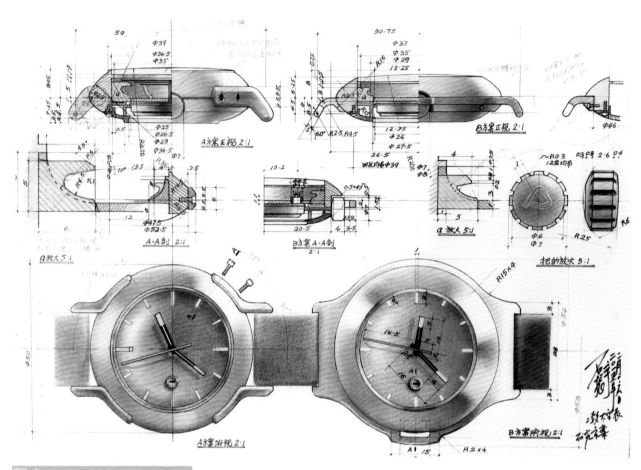

图5-1
UFO系列腕表图纸　A-One艾万设计工作室

图5-2
UFO系列腕表产品照片　A-One艾万设计工作室

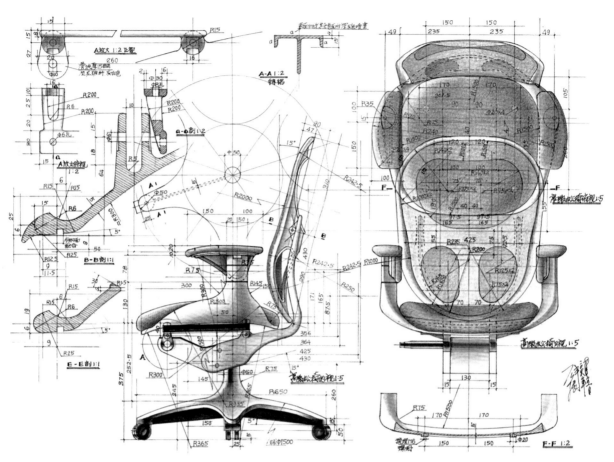

另一种常用的内部结构图为**爆炸图**（图5-5和图5-6）。这是一个外来词汇，英文名称是Exploded Views。它本是一些三维软件如UG（Unigraphics）、Pro/E（Pro/ENGINEER）、Solidworks等的一项重要功能，目前因为在与设计师、结构工程师、模型厂等各方交流时也经常需要将内部结构比较明确地绘制出来，因此手绘爆炸图在产品设计过程中也十分常见。

## 5.2　练习方法

初学者可寻找身边常见的小产品，尝试运用工具拆解，并进行学习和分析，再将其绘制出来，绘制爆炸图时根据需要可用单线也可上色，应注意尽量把产品内部重要的部件展示清楚，有需要的话也可在旁边注明各部件名称，如图5-7中对于常见的空调遥控器进行拆解后了解学习其内部结构，先绘制出其线框图后再上色（图5-8和图5-9）。

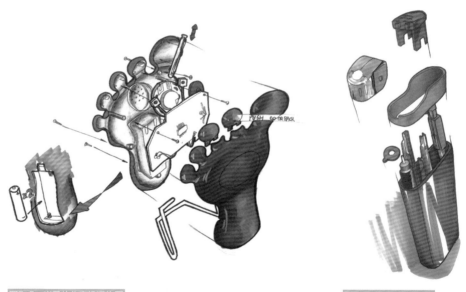

图5-5　半导体收音机爆炸图　　　　　　　　　　　图5-6　打火机爆炸图

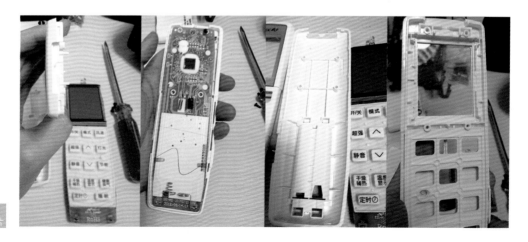

图5-7
空调遥控器拆解照片

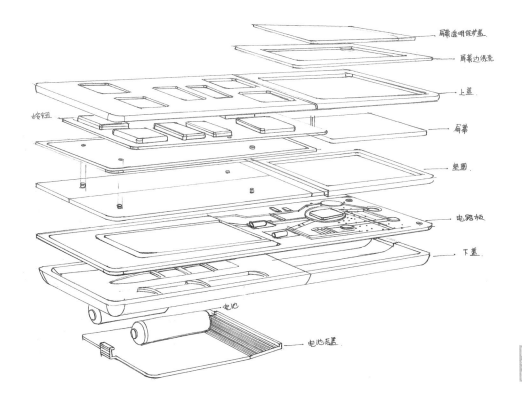

屏幕透明保护盖
屏幕边缘壳
上盖
按钮
屏幕
塑圈
电路板
下盖
电池
电池后盖

图5-8
空调遥控器爆炸图线框
陈虹绘制

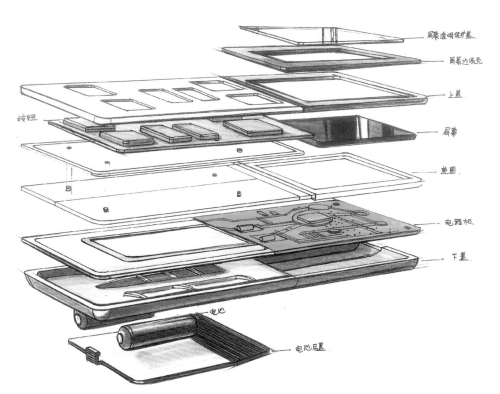

屏幕透明保护盖
屏幕边缘壳
上盖
按钮
屏幕
塑圈
电路板
下盖
电池
电池后盖

图5-9
空调遥控器爆炸图上色
陈虹绘制

### 5.3　设计应用

　　了解产品结构并将其清晰地绘制出来，这在产品的设计过程中至关重要，尤其是对于目前市场上已有的产品进行改良设计，微创新设计，更需要对现有较成熟产品的内部结构有所了解。

　　以手持式吸尘器设计为例，首先需要对于市场常见产品进行拆解，了解其基本工作原理，并明确每个部件的名称与功能（图5-10和图5-11）。

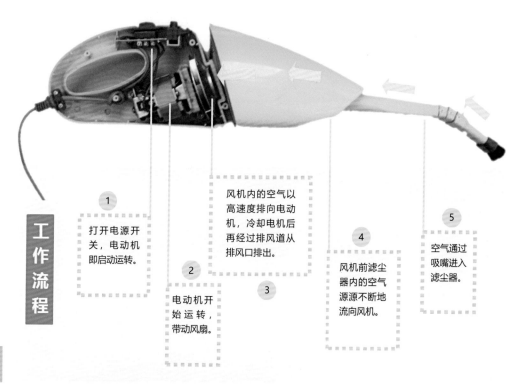

工作流程

1　打开电源开关，电动机即启动运转。

2　电动机开始运转，带动风扇。

3　风机内的空气以高速度排向电动机，冷却电机后再经过排风道从排风口排出。

4　风机前滤尘器内的空气源源不断地流向风机。

5　空气通过吸嘴进入滤尘器。

图5-10
某品牌手持式吸尘器
工作原理图

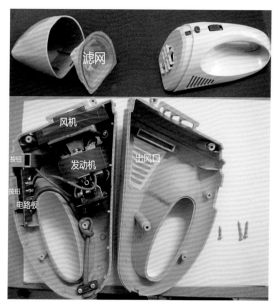

图5-11
某品牌手持式吸尘器
拆解图

　　根据以上对于产品的内部结构研究并结合其他前期调研，笔者最终进行了设计定位，将新产品定位为6~12岁儿童使用的教育型吸尘器，主要为培养儿童的清洁意识（图5-12）。

　　之后再根据效果图和之前的拆解经验，可有根据地绘制出产品爆炸图（图5-13）。

图5-12
儿童吸尘器设计效果图

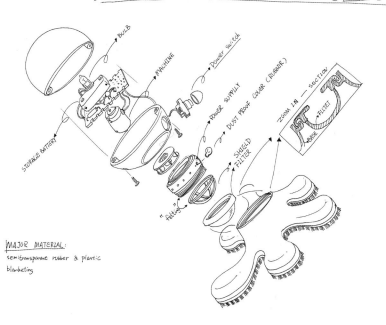

图5-13
儿童吸尘器爆炸图1

图5-14为某品牌台灯效果图及爆炸图展示。

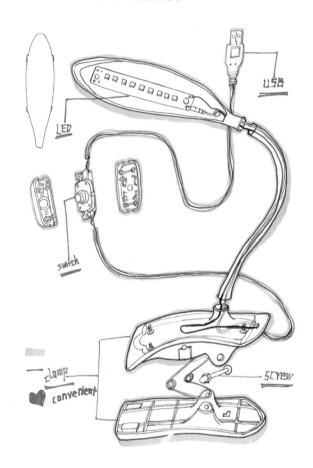

图5-14
台灯拆卸爆炸图
周雅灵绘制

## 5.4　练习

以下练习供学习者自己训练，建议训练时间为一周。

材料：A3复印纸、针管笔、马克笔、彩铅、色粉等。

内容：

1）找到身边可拆解的一类小产品3件（例如三种不同的台灯），并运用工具将他们进行拆解（建议拆解到不能再拆），并了解其内部结构各部件的功能和基本原理。

2）对以上拆解的小产品进行改良设计，共设计3款方案，先绘制出设计草图再绘制爆炸图。

3）以上设计可重复进行，当对于某一类产品内部结构较为熟悉后可对相关产品进行同样的拆解、设计练习。

产品的
故事性表达

## 6.1　基本概念及相关知识

故事板的英文叫作Story board，又常常被称为Scenario。故事板这一形式是20世纪30年代初由沃尔特·迪士尼公司首先应用于动画领域，就像是一系列的连环图画。后来，故事板的方式被应用在很多领域中，包括产品设计。

故事板的作用可以大致总结为三点：①直观的视觉体验。故事板通过清晰展示产品的使用步骤，让观者能够直观地获得视觉化的交互体验。②将自己的经验快速带入。通过看图，观者可以把自己的经历反映在故事板上，更容易唤起同理心。③快速高效进行沟通。熟练绘制故事板后可以非常快速地表达想法，可以与团队成员或用户进行快速沟通，节省了之后制作中反复修正的时间，也可以尽可能地和团队达成一致性和协调性。

美国著名的设计公司IDEO曾总结过51个创新设计方法，并将其制成卡片，他们将这51个方法分为Learn（学习）、Look（观察）、Ask（询问）、Try（尝试），在这套创新方法中两次提到Scenario（情景故事）的应用，并都归入Try部分。

## 6.2 故事板分类

故事板在产品开发的不同阶段都可以应用，也都具有不同的作用，可根据产品的开发流程大致分为三个使用阶段：前期分析阶段、评估阶段、展示阶段。

### 1）前期分析阶段的故事板

前期分析阶段的故事板通常是基于已完成的有根据的产品、市场、使用人群的前期调研来构想的。在这一阶段，设计师要关注新产品技术、心理、社会、文化、经济等各方面的功能，要考虑与产品相关的环境、气氛、感觉、产品与使用者的交互作用等因素，要通过故事板描述未来产品使用的"未来情境"，着重于将使用者的需求和产品的使用过程作快速全面的视觉化表现，主要用于设计项目相关人员讨论想法和初期汇报等，因此这一阶段的故事板细节可以较为粗略，淡化不必要的细节和修饰。

图6-1中绘者设计了一款防水小披风，用一个有特点的小女孩形象作为主要用户，体现该产品的多种功能和不同使用场景，天冷可保暖，下雨可遮风挡雨，能够代替被子作为铺盖。产品部分上色显得造型更加突出。

图6-2为一款钥匙包设计方案的故事版，用线干净简洁，形象设计抽象、有特点。绘者将钥匙包和钥匙进行拟人化，既显得生动可爱，又表现出了它们之间密不可分的关系。左右对比，突出了钥匙包的作用。

图6-2
钥匙包故事板  王安棋绘制

　　图6-3故事板的设计主题为运动鞋，绘者运用了大家熟悉的卡通人物和情节，颜色明亮、线条简洁，用生动的情节体现了产品的目标用户和使用场景。

　　图中以瓜子盒为设计主题，以较为形象的人物表现出瓜子盒的使用场景，并以简洁的形态表现出瓜子盒的使用方式。

图6-3
左：运动鞋前期分析故事板
李磊绘制
右："瓜子盒"前期分析故事板

### 2）评估阶段的故事板

评估阶段的故事板主要用来对已有的设计概念进行测试，让未来的产品使用者对产品概念进行评价。此时的故事板要求表现更多的细节，用户不仅要通过故事板看清产品的外型，也应该可以对产品的价值和质量作出反应。

图6-4中以空调遥控器为设计主题，表现了该产品的主要功能、特点及产品形态和按键排布，同时也表现出用户的使用状态。图6-5展现了"Share椅"的使用方式和使用环境。图6-6则展示了一体化电磁炉橱柜的整体效果、主要功能特点、使用方式和细节设计。

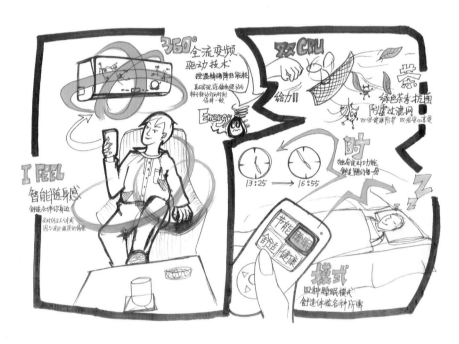

图6-4
空调遥控器设计评估故事板
贾舒钦绘制

图6-5
"share"椅设计评估故事板
贾舒钦绘制

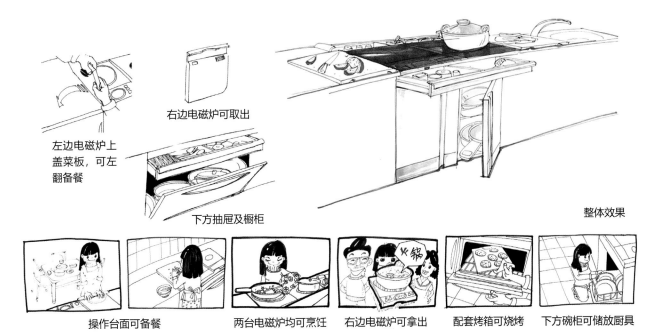

左边电磁炉上盖菜板，可左翻备餐

右边电磁炉可取出

下方抽屉及橱柜

整体效果

操作台面可备餐　　两台电磁炉均可烹饪　　右边电磁炉可拿出　　配套烤箱可烧烤　　下方碗柜可储放厨具

### 3)展示阶段的故事板

　　故事板也可以用来展示设计结果，通常用比较完善的绘画形式、渲染的效果图甚至照片的形式作成展板，有时还会加上广告式的语言。此时，故事板的作用是展示，进而说服决策者，并可以对于设计进行补充说明。尤其是对于一些功能较为复杂的产品来说，图文并茂的形式比起单纯的文字设计说明更容易吸引观者眼球，且更容易使人理解其工作方式和基本功能，因此这一阶段的故事板绘制相对完善，讲求表现效果。

　　图6-7是一款针对北方地区卧室中用的智能空气监测及调节系统产品。产品分为主机和床头控制钮两部分，故事板中表现出了产品的使用环境、主要功能特点，以及用户与床头控制钮的关系等细节。整体故事板的人物形象生动真实，突出了产品特征，环境构造到位。

　　图6-8中设计主题为社区医院专用臂式电子血压仪，笔者设计此产品的主要创新点在于将臂带设计为血压仪外包带（图6-9），尺寸小巧便携，可记录和读取电子病历中的信息并可与电脑同步数据，大屏幕可直观显示血压与脉搏曲线。故事板中描绘了两个使用场景，一是社区医生携带血压仪到患者家就诊，二是就医者到社区医院测量血压的情景。之后进行了模型制作。

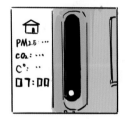   

图6-7
智能空气监测及调节系统故事板（白天状态）
贾惠煊绘制

# 社区医院专用血压仪设计
## Blood-pressure meter for community hospital

**Senario** 故事板

李医生接到出诊工作 　他带着医疗箱来到住户家中 　他将创新社区医院专用血压仪取出 　臂带可作为血压仪保护套 　拉开臂带拉锁即可使用

图6-8
社区专用臂式电子血压仪展示故事板

张爷爷有高血压、心脏病，需要定期到社区医院检查 　他经常去家附近的社区医院检查 　社区医生通过张爷爷的电子病历了解他的身体状况和以往病史 　医生将张爷爷的病历IC卡插入血压仪中 　可以在血压仪屏幕上看到张爷爷以往血压，并记录本次血压

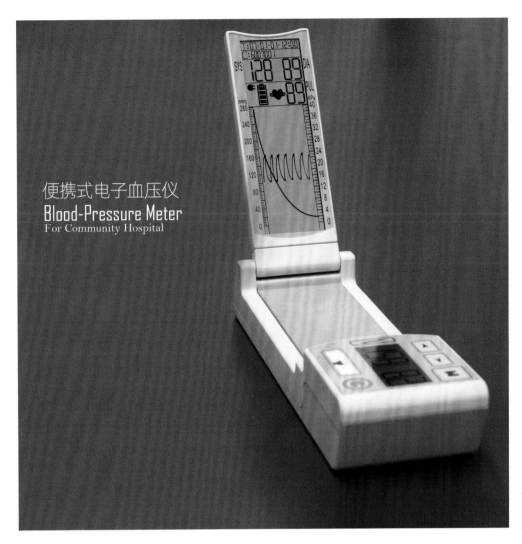

便携式电子血压仪
**Blood-Pressure Meter**
For Community Hospital

图6-9
便携式电子血压仪
产品模型图

## 经验小贴士

1. 建议有人物绘画功底的学习者在练习中更加重视产品与人物关系的表现；而初学者则建议先选择优秀故事板或卡通人物中的人物形象、人物动态、手部等经常出现的部分进行临摹，之后再进行故事板创作。

2. 故事板中的情景、环境不能完全虚拟和想象，应建立在真实的调研基础之上。因为设计旨在解决用户的真正需求，而不是臆想的需求。

3. 故事板的最终目的在于更好地表现产品，而并非表现其中的卡通人物造型、背景等细节，因此应注意绘制时不应被人物细节所牵绊，而应表现出产品特点。

## 6.3　练习

以下练习供学习者自己训练，建议训练时间为一周。

材料：A3复印纸、针管笔、马克笔、彩铅、色粉等。

内容：

1）临摹20个带有动作的动漫人物（注意临摹时应注意不要过于关注人物面部表情、衣物皱褶、配饰等细节部分，而应更注意人物与产品的关系，尽量选择在产品设计时比较需要的人物形态，建议重点练习人物动态、手部动作等内容）。

2）选择两款自己喜欢的产品，并为其绘制故事板。

## 7.1 完整效果图绘制方法

### 1）表现内容

前几部分对于产品的外观、内部结构、故事表达及材质纹理进行了分别讲授，而在设计创作过程中经常需要表现完整的效果图，这就应根据需要组织好一幅画面，将自己的设计想法充分表达。

通常来讲，一幅较为完整的效果图根据需要可以包含很多内容，具体如下。

**产品名称、主视图、辅视图、使用方式、使用场景、人机关系、细节、其他变化、灵感来源、文字说明等。**

图7-1和图7-2主要表现了产品的使用方式。

图7-3和图7-4主要表现了产品的使用环境。图7-5展示了蓝牙耳机的人机关系。图7-6~图7-13对于完整效果图进行了内容分析，左边为原图，右边为内容分析。

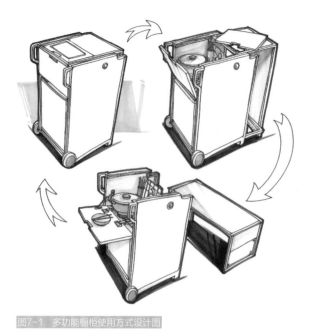

图7-1 多功能橱柜使用方式设计图

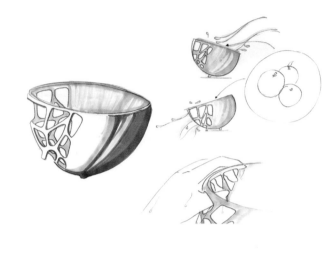

图7-2 水果篮使用方式设计图 马辛未绘制

图7-3 "Share"椅使用环境图 贾舒钦绘制

图7-4 学习桌使用环境设计图 刚毅绘制

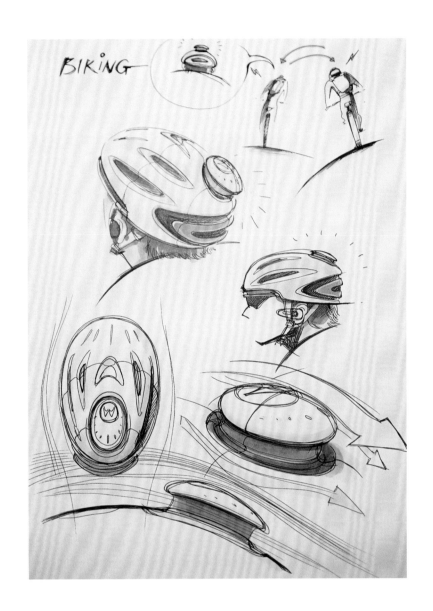

图7-5
蓝牙耳机的人机关系
设计图 黄超绘制

图7-6 便捷置物车设计图 方千妍绘制

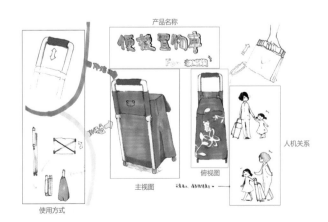

图7-7 便捷置物车设计图内容分析

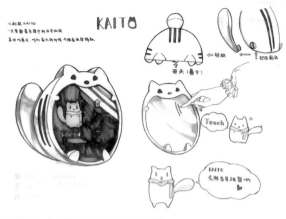

图7-8 音乐播放器设计图 方干妍绘制

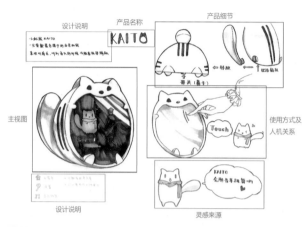

图7-9 音乐播放器设计图内容分析

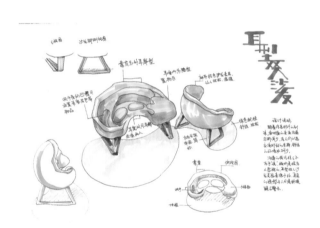

图7-10 耳朵沙发设计图 徐熙来绘制

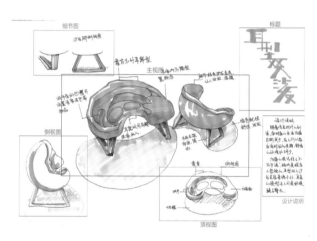

图7-11 耳朵沙发设计图内容分析

图7-12 摇椅设计图 绘者马辛未

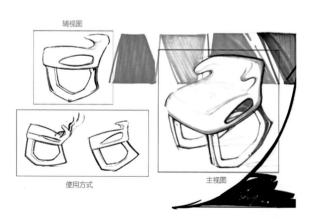

图7-13 摇椅设计图内容分析

## 2）构图

在进行完整效果图绘制的初期最应关注的就是画面构图，这直接影响到设计的特点是否能充分展现。构图时需注意以下几点。

（1）在创作前，一定要对画面进行整体规划，主视图、辅视图、产品功能图、使用方式、人机关系、产品名称、设计说明等各个元素都分别放在哪里，尤其是在设计复杂的产品时，需要在一张图上表现的内容较多，要做到有秩序而不呆板，有节奏感而不平淡。

（2）主体物一般处于整幅图的较重要位置，如中上部、中间靠右或中间靠左，且面积相对于其他元素较大。相对于主视图来说，辅视图、产品功能图、使用方式、人机关系图等辅助说明图应处于次要位置，主次强弱分明，突出主体会让表述更加清晰，也会让画面更有节奏感。如图7-14中主体物位于画面中部，位置关键，绘制精细，色彩丰富，对比强烈，其他部分的绘制则相对放松，做到了主次分明。

（3）绘制产品名称时应注意，名称字体应放在比较醒目的位置，字体和颜色的选择应与产品风格搭配。

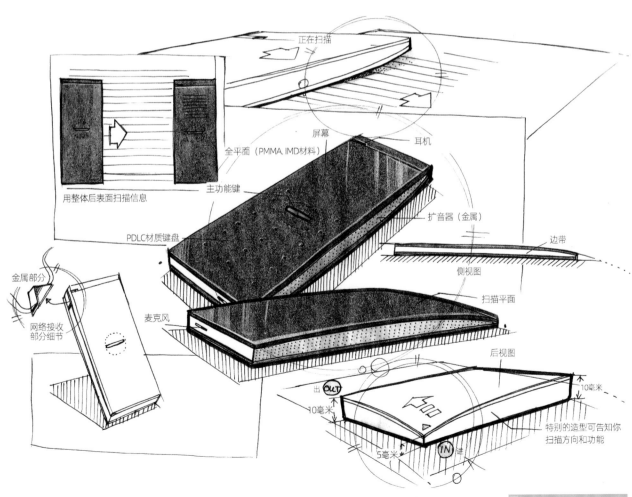

图7-14
完整效果图构图　董术杰绘制

（4）设计说明等文字内容不宜太多，图是主体，且写在图上的文字应尽量工整或比较有特点，切忌潦草。

（5）图中的箭头、项目符号等小元素也不能忽视，它们既是设计的表述需要也是整体的点缀，运用得当可起到画龙点睛的作用。

### 3）完整效果图色彩

产品色彩问题在第三部分中已有讲授，对于完整效果图的绘制本处进行补充与强调，需注意以下几点。

（1）色彩数量不宜过多，尤其是不同色调的色彩更不宜过多，否则画面会过于混乱。

（2）整幅图最好有较为统一的色调，如蓝色调、橙色调、绿色调，橙灰色调、蓝紫色调等，一张图中色调不应太多，会让画面过花。

（3）在统一的色调中也应有变化，色彩应有明度、纯度的区别，让画面在统一中有变化，不会过于平淡呆板。

（4）主体物的色彩应与其他部分的色彩有所区分，如色彩更加丰富、纯度更高、对比更强等，使得主次分明。

图7-15为一款诗词主题的首饰产品设计图，整体色彩偏暖色，以柔和的藕荷色作为底色，纯度较高的橙色、黄色和绿色作为主体物色彩，画面协调且主体突出。

图7-16中主要以浅蓝绿色为主色调，少量搭配了有对比作用的黄橙色和红色，还有中性的灰色，色彩既有对比又比较统一。

图7-17中色彩较为大胆，以黑灰色为主体，黑色面积较大，与纸的白色形成较为

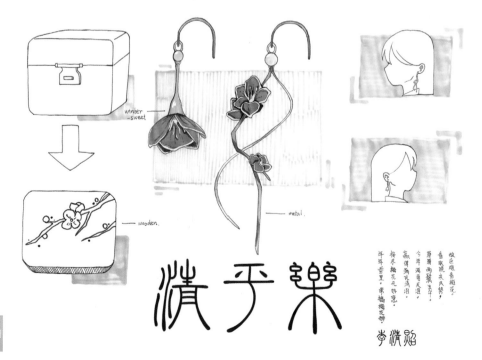

图7-15
清平乐主题首饰产品设计图
绘者张翘楚

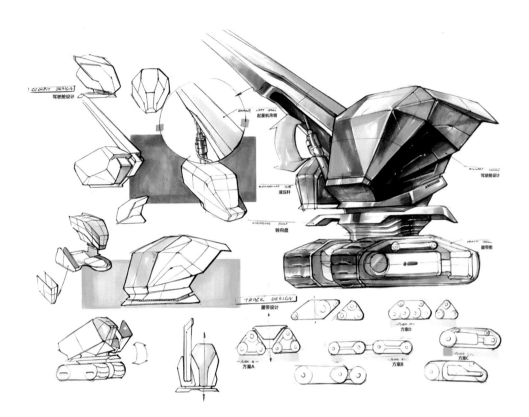

图7-16
起重机概念设计图
刘鑫源绘制

强烈的黑白对比，视觉冲击力较强，且有一定装饰味道。

图7-17
小黑毛球帆布斜挎包
程安妮绘制

## 7.2　创意训练

进行效果图创作是手绘学习的主要目的，在对于产品外观、内部结构、故事表达、材质表达等部分分别训练后，可开始创意综合性练习。

在创意设计练习时建议按照以下过程循序渐进（图7-18）。

图7-18　创意练习过程图

### 1）改良性设计创意

改良性设计一般是指对于已有产品进行部分功能、外观、使用方式等的改善，相对来说难度稍小，是适合初级学生的创意练习。可先选择一类较为熟悉或常见的产品，最好是选择之前曾经临摹或拆解过的产品，进行改良设计创意练习。具体要求与建议如下。

题目1：保温杯设计（图7-19）

设计要求：

1.  设计概念需原创；

2.  为某一类群体设计，需体现该类群体需求特点；

3.  画面需体现出主视图、辅视图、产品使用方式及过程、产品简要说明信息等；

4.  全部内容绘制在一张A3纸上，绘画材料不限。

时间：3小时

题目2：春节文创礼品（图7-20）

1.  整体要求：体现春节团聚、欢乐的气氛，适合走亲访友时作为礼品相互赠送；

2.  目标人群：家庭中的采购者；

3.  设计品类要求：设计需体现中国传统文化元素；

4.  创新要求：使用方式、人机关系、产品功能有微创新；

5.  全部内容绘制在一张A3纸上，绘画材料不限。

时间：3小时

与此类似的还有其他题目，如台灯、音箱、书桌、座椅、鞋、餐具等，很多常见的产品都可进行练习。

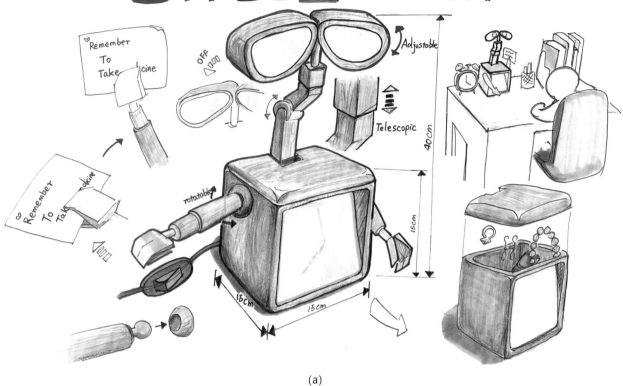

(a)

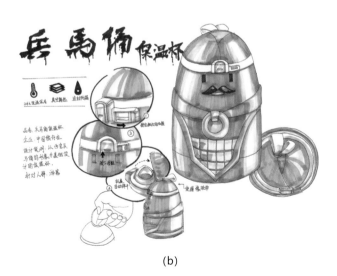

(b)

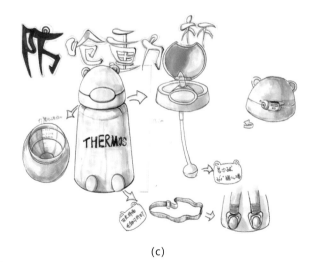

(c)

图7-19
台灯设计 （a）唐尔彤绘制
保温杯设计 （b）刘佳乐、（c）刘月绘制

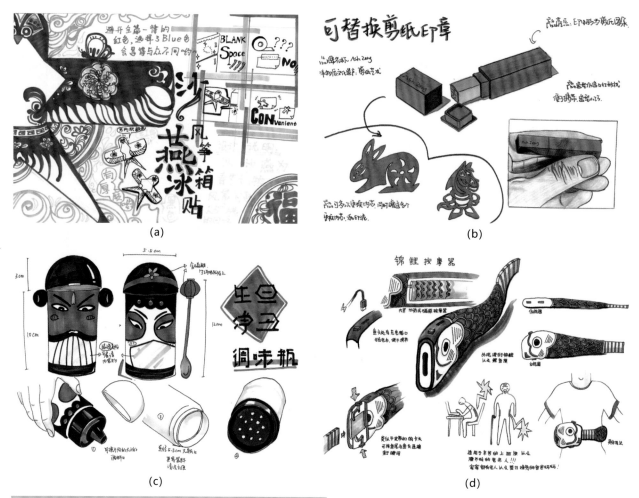

图7-20
春节文创礼品设计　程安妮（a）、郭颖珊（b）、史青（c）、马李濛杰（d）绘制

### 2）发散性设计创意

发散性设计创意是指给定设计主题，而主题较为抽象，基于主题进行设计创意。主要锻炼学生运用手绘将头脑中的发散性思维进行具象化表现的能力，在实际产品中体现主题（图7-21和图7-22）。

题目：安全

设计要求：

1）设计三款以"安全"为主题的产品，分别针对低幼儿童、大学生及老年人；

2）均用A3纸绘制，每款设计需有一张A3图纸；

3）需体现出产品主视图、辅视图、使用方式及过程、针对人群、设计简要说明、产品名称或品牌等信息；

1）需上色；

2）每款绘制时间2小时。

与此类似的可参考题目还有"沟通""和谐""生存""流淌""速度"等。

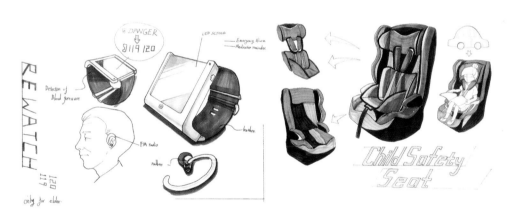

### 3）命题性创意设计

命题性创意设计是指有针对性地给某品牌或某项目进行创意设计。此类设计要求相对较高，也是手绘图最为常见的应用方式，产品具有自身特点的同时也要体现品牌或甲方的要求，在手绘技能相对熟练后，可进行命题设计训练。

题目1：某品牌空间智能融合终端（图7-23）

2017年设计项目，该产品融合了IP电话、宽带、网络电视、语音模块等，结合带屏音箱和智能网关等功能。

题目2：2008年某品牌移动设备公司设计项目——老年人通信设备设计（图7-24）

产品销售地：中国。

设计要求：方便老年操作，按键大，操作简单，以通话功能为主，显示方式以图像为主文字为辅。

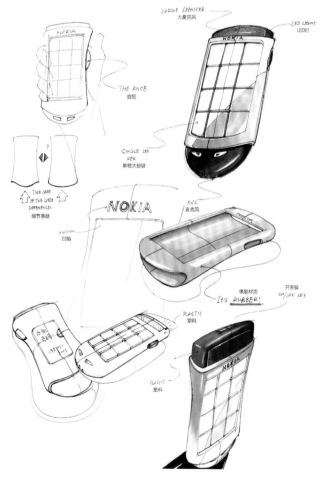

**经验小贴士**

1. 为锻炼绘画技法，应在实际设计项目中多用草图表现，熟能生巧。

2. 为适应真实项目的设计速度，注意绘画时间应逐步加快，熟练后建议一张完整的A3上色效果图绘制时间为30～60分钟。

## 7.3 练习

以下练习供学习者自己训练，建议训练时间为两周。

材料：A3复印纸、针管笔、马克笔、彩铅、色粉等。

内容：

1）改良性产品设计创意手绘图5张。

2）发散性产品设计创意手绘图5张。

3）命题性产品设计创意手绘图10张。

# 三

优秀
效果图范例

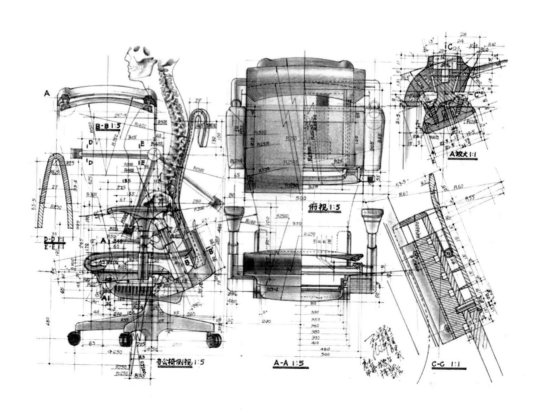

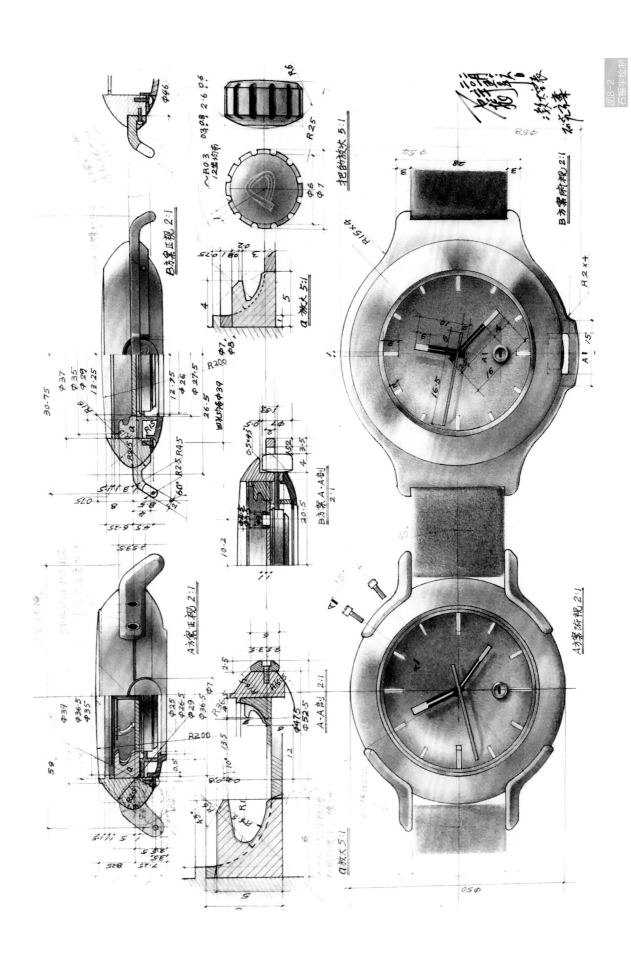

图8-2
石振宇绘制

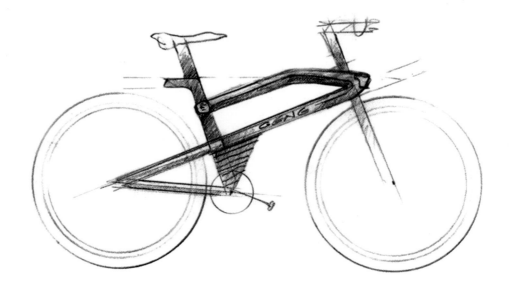

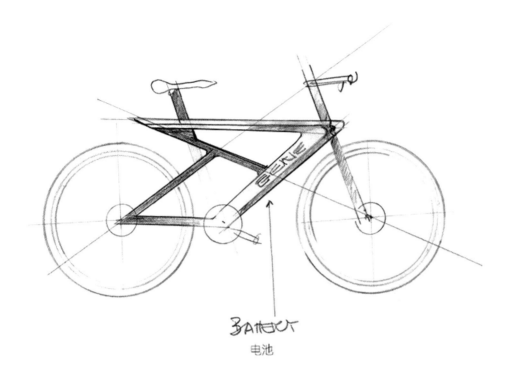

电池

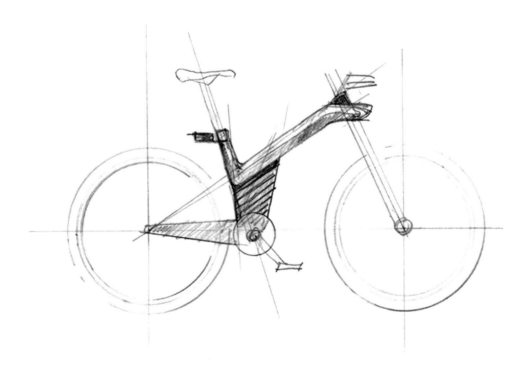

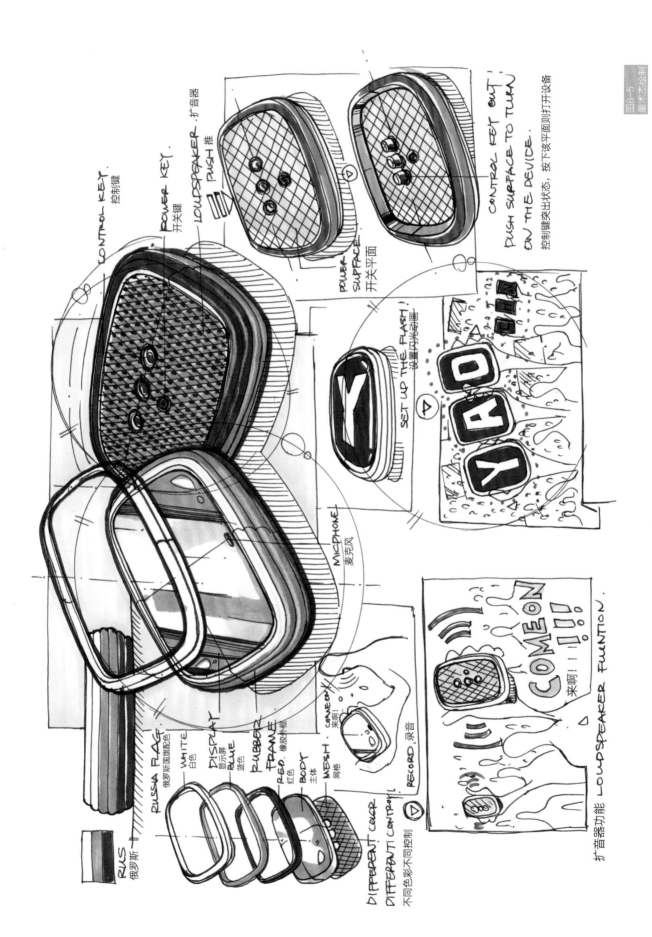

图8-5 董术绘制

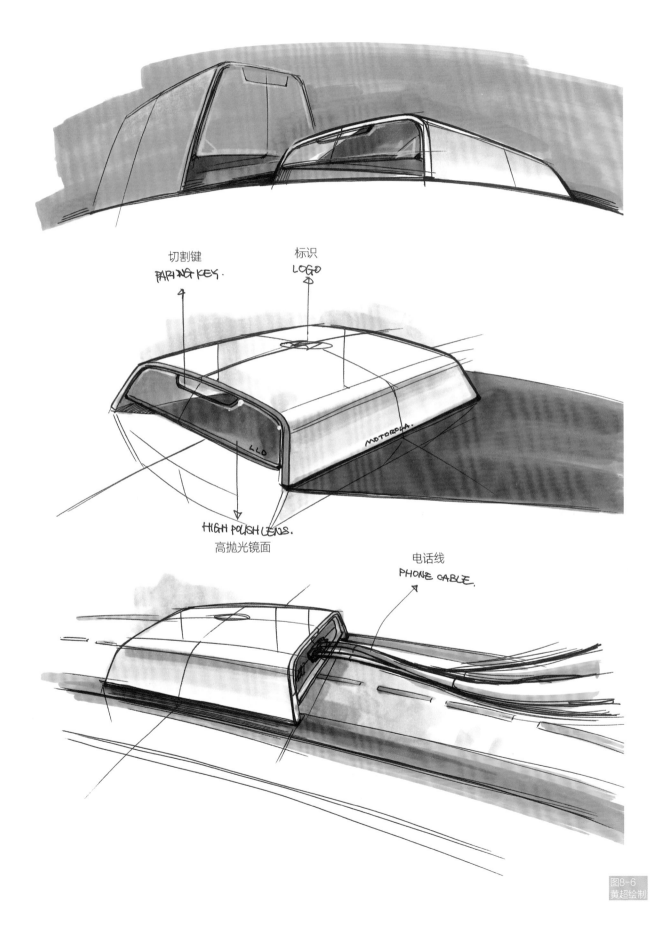

切割键
PARING KEY.

标识
LOGO

MOTOROLA.

LLD

HIGH POLISH LENS.
高抛光镜面

电话线
PHONE CABLE.

图8-6
黄超绘制

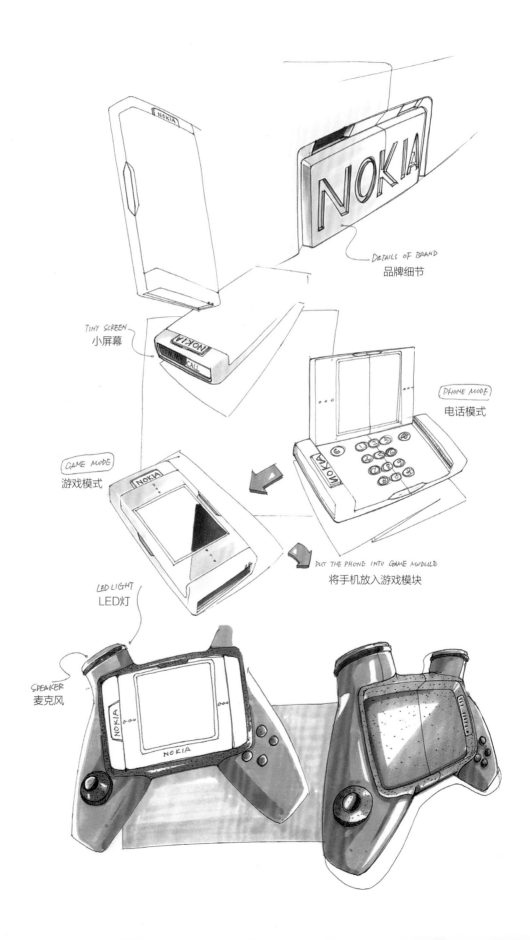

DETAILS OF BRAND
品牌细节

TINY SCREEN
小屏幕

PHONE MODE
电话模式

GAME MODE
游戏模式

PUT THE PHONE INTO GAME MODULE
将手机放入游戏模块

LED LIGHT
LED灯

SPEAKER
麦克风

图8-7
汤震启绘制

■ 概念展示车

上汽集团在2010年上海世博会展示的概念车，展示了未来新能源车和自动驾驶技术。

图8-8 张小康绘制

图8-9 黄修头绘制

2011红旗概念车效果图

图8-10
蒲彦豆绘制

图8-11
安然绘制

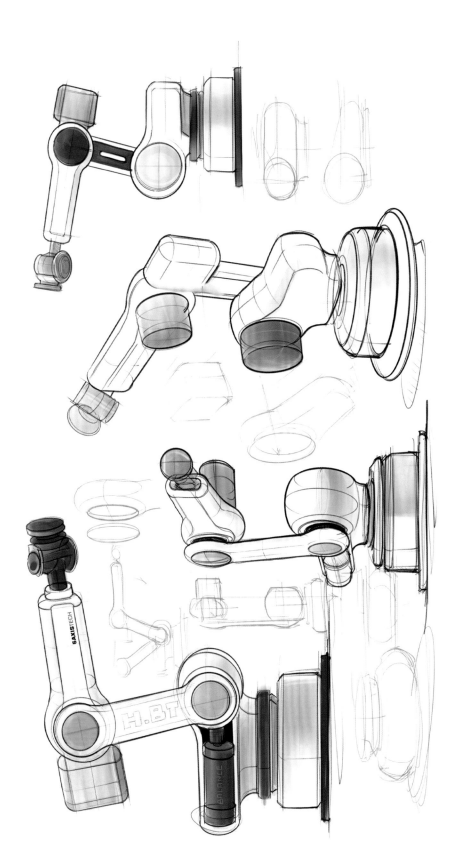

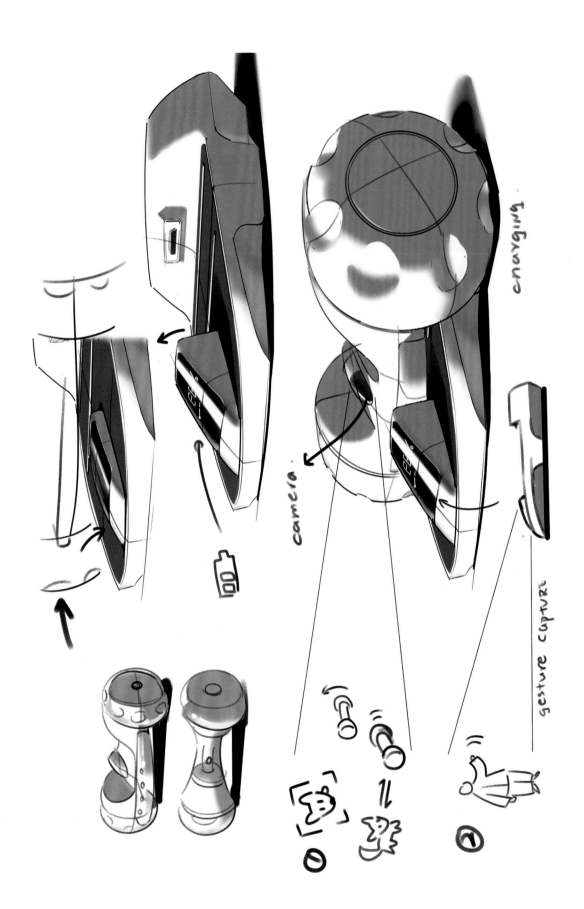

图8-13 李自翔绘制

图8-14
程安妮绘制

图8-15
马车末绘制

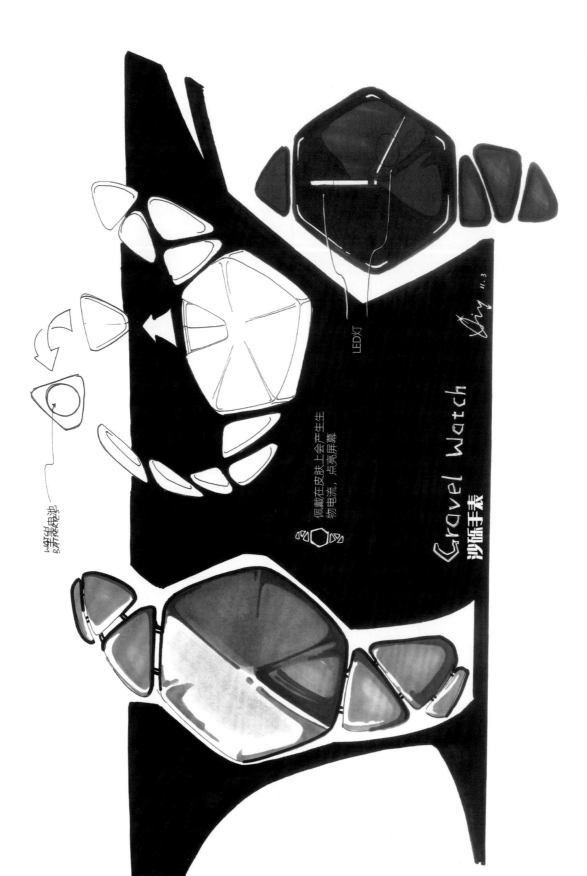

LED灯

Gravel Watch

沙砾手表

佩戴在皮肤上会产生生
物电流，点亮屏幕

A螺丝电池
B拆装越电池

图8-16
陈宁绘制

# 参考文献

[1] （荷）库斯·艾森，罗丝琳·斯特尔. 产品手绘与创意表达[M]. 北京：中国青年出版社，2012.

[2] （英）史蒂芬·贝利，特伦斯·康兰. 设计的智慧—百年设计经典[M]. 唐莹译大连：大连理工大学出版社，2011.

[3] 鲁晓波，赵超. 工业设计程序与方法[M]. 北京：清华大学出版社，2005.

[4] 沈法. 工业设计产品色彩设计[M]. 北京：中国轻工业出版社，2009.

[5] 李笑缘，董术杰. 工业设计创意解锁[M]. 北京：清华大学出版社，2015.

[6] 罗剑，李羽，梁军. 工业设计手绘宝典：创意实现＋从业指南＋快速表现[M]. 北京：清华大学出版社，2014.

[7] LELIE Corrie Vander. The Value of Storyboards in the Product Design Process[M]. Personal and Ubiquitous Computing，2006.

[8] 张久美. 工科工业设计表现技法课程教学方法探析. 反思. 交融. 重构[C]. 秦皇岛：燕山大学出版社，2012.

[9] 王欣慰，李世国. 产品设计过程中的故事板法与应用[J]. 包装工程，2010（12）：69-71.

[10] 杨宁斌，故事板在产品设计过程中的应用[J]. 美与时代月刊，2009（07）.

[11] 赵建国，产品设计的情境构建及语义生成[D]. 湖南大学，2009.